Berechnung ebener, rechteckiger Platten

mittels

trigonometrischer Reihen

Von

Karl Hager
Professor an der Techn. Hochschule, München

Mit 20 in den Text gedruckten Abbildungen

München und **Berlin**
Druck und Verlag von R. Oldenbourg
1911

Vorwort.

Vorliegende Arbeit ist aus dem Bestreben entstanden, für die statische Berechnung der im Eisenbetonbau vielfach angewendeten, rechteckigen Platten theoretisch richtige Grundlagen zu schaffen. Ehe nun für die praktische Rechnung der Eisenbetonplatten eine brauchbare Theorie aufgestellt werden konnte, mußte eine solche für homogene Baustoffe gegeben werden. Dabei hat sich gezeigt, daß selbst schon für die Betrachtung nur einiger Belastungs- und Auflagerungsfälle umfangreiche Untersuchungen nötig waren. Ich habe es daher für zweckmäßiger gehalten, das Rechnungsverfahren für rechteckige Platten homogener Stoffe allein zu behandeln und die Anwendung dieses Verfahrens im Eisenbetonbau einer besonderen, bald folgenden Arbeit vorzubehalten, zumal auch die Berechnung homogener Platten für Maschineningenieure und Mathematiker von Interesse sein dürfte, welche beide aber mit dem Sondergebiet des Eisenbetonbaus keine Fühlung suchen.

Zur Berechnung wurden trigonometrische Reihen angewendet und ihre Zahlenkoeffizienten nach einem besonderen Verfahren berechnet, dessen erste Anregung das Studium der Arbeiten von Timoschenko gab.

Das hier für die Plattenberechnung benutzte Verfahren mit trigonometrischen oder auch hyperbolischen Reihen im Zusammenhang mit der vorgeschlagenen Bestimmung der Koeffizienten kann aber auch als Grundlage zur Lösung einer großen Zahl von Aufgaben der technischen Mechanik benutzt werden, bei welchen die Integration der Differentialgleichung oder auch die Aufstellung einer brauchbaren Differentialgleichung Schwierigkeiten begegnet.

Die hyperbolischen Reihen werden dort wohl zweckmäßiger sein, wo keine Symmetrie gegeben ist.

Es konnte nun nicht die Absicht sein, sämtliche, praktisch vorkommenden Belastungs- und Lagerungsfälle der Platte erschöpfend zu behandeln, wenn die ganze Arbeit in mäßigen Grenzen gehalten werden wollte. Deshalb wurden aber die Betrachtungen so eingehend durchgeführt, daß der Leser auch imstande sein wird, für andere Fälle brauchbare, trigonometrische Reihen selbst aufzustellen oder auch für die behandelten Fälle besser konvergierende Reihen vorzuschlagen.

München, im Juli 1911.

Hager.

Inhaltsverzeichnis.

Benutzte Literatur.

v. Bach, Widerstandsfähigkeit ebener Wandungen von Dampfkesseln und Dampfgefäßen, Zeitschr. d. V. d. Ing. 1906;
Versuche über die Formänderung und die Widerstandsfähigkeit ebener Wandungen, Ebenda 1908;
Elastizität und Festigkeit, Berlin.

Brauer, Festigkeitslehre. Leipzig 1905.

Fabry, Théorie des series à termes constants. Paris 1911.

Föppl, Vorlesungen über technische Mechanik, III. und V. Band. Leipzig.

Glaisher, On certain series for π, π^2 &c;
The quarterly journal of pure and applied mathematics. 1903.

Graßhof, Theorie der Elastizität und Festigkeit. Berlin 1878.

Lebert, Étude des mouvements vibratoires, Annales des ponts et chaussées. 1899.

Reiff, Geschichte der unendlichen Reihen. Tübingen 1889.

Ritz, Über eine neue Methode zur Lösung gewisser Variationsprobleme der mathematischen Physik, Journal für reine und angewandte Mathematik. 1909.

Serret, Lehrbuch der Differential- und Integralrechnung.

Simić, Beitrag zur Berechnung der rechteckigen Platte, Zeitschr. des Österr. Ing. und Arch.-Ver. 1908.

Timoschenko, Einige Stabilitätsprobleme der Elastizitätstheorie, Zeitschrift für Mathematik und Physik. 1910;
Sur la stabilité des systémes elastiques. (Russisch.) Kiew 1910.

1. Die Differentialgleichung der ebenen Platte.

In diesem Buche wird zwar für die Berechnung der rechteckigen Platte ein Verfahren vorgeschlagen, das nicht von der Differentialgleichung ausgeht, aber es werden doch Zwischenergebnisse aus der Entwickelung dieser Gleichung benötigt, so daß sie hier kurz behandelt werden soll. Ich folge hierbei der Entwicklung, wie sie in den „Vorlesungen über Technische Mechanik" von Föppl, V. Band, gegeben ist, und verweise auch auf die dort ausführlicher niedergelegten nötigen Voraussetzungen, welche der Entwickelung dieser Differentialgleichung zugrunde gelegt werden müssen.

Ist die Stärke h der Platte gegenüber ihren anderen Abmessungen klein, so darf man annehmen, daß die Punkte ihrer Mittelebene nur senkrechte Verschiebungen z erfahren (vgl. Fig. 1), so daß die wagerechten Verschiebungen parallel zur x- und y-Achse Null sind. Dagegen wird ein Punkt außerhalb der Mittelebene mit den Koordinaten x, y, v in der Richtung der x-Achse eine Verschiebung x' und in der der Achse y-Achse eine solche y' erfahren:

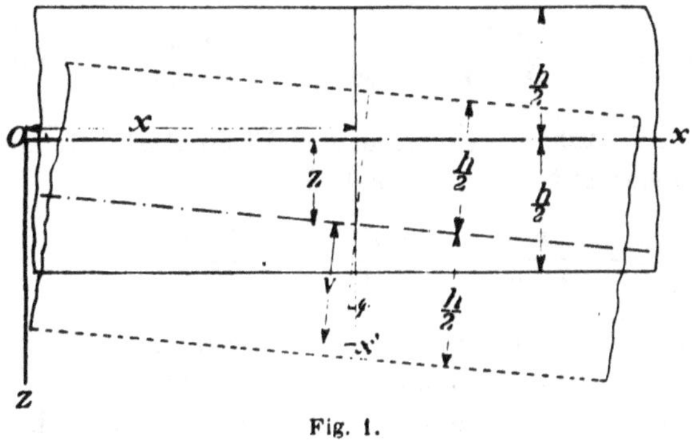

Fig. 1.

$$x' = -v \cdot \operatorname{tg} \varphi = -v \cdot \frac{\partial z}{\partial x}; \qquad y' = -v \cdot \frac{\partial z}{\partial y}.$$

Bezeichnet man die Dehnungen (Verlängerungen der Längeneinheit) parallel zu den Koordinatenachsen $+x$ und $+y$ mit λ_x und λ_y, so ist

$$\lambda_x = \frac{\partial x'}{\partial x} = -v \cdot \frac{\partial^2 z}{\partial x^2}; \qquad \lambda_y = \frac{\partial y'}{\partial y} = -v \cdot \frac{\partial^2 z}{\partial y^2}.$$

Der Elastizitätsmodul des dem Hookschen Gesetz folgenden Materials sei ε, die Poissonsche Ziffer m, die Normalspannungen in dem Punkte (x, y, v) parallel zur x- bzw. y-Achse seien σ_x bzw. σ_y:

$$\lambda_x = -v \cdot \frac{\partial^2 z}{\partial x^2} = \frac{1}{\varepsilon}\left(\sigma_x - \frac{1}{m}\sigma_y\right)$$

$$\lambda_y = -v \cdot \frac{\partial^2 z}{\partial y^2} = \frac{1}{\varepsilon}\left(\sigma_y - \frac{1}{m}\sigma_x\right).$$

Aus diesen beiden Gleichungen kann man σ_x und σ_y berechnen zu

$$\left.\begin{aligned} \sigma_x &= -\frac{m^2}{m^2-1}\cdot\varepsilon\,v\left(\frac{\partial^2 z}{\partial x^2}+\frac{1}{m}\frac{\partial^2 z}{\partial y^2}\right) \\ \sigma_y &= -\frac{m^2}{m^2-1}\cdot\varepsilon\,v\left(\frac{\partial^2 z}{\partial y^2}+\frac{1}{m}\frac{\partial^2 z}{\partial x^2}\right) \end{aligned}\right\} \quad \ldots\ldots \quad (1)$$

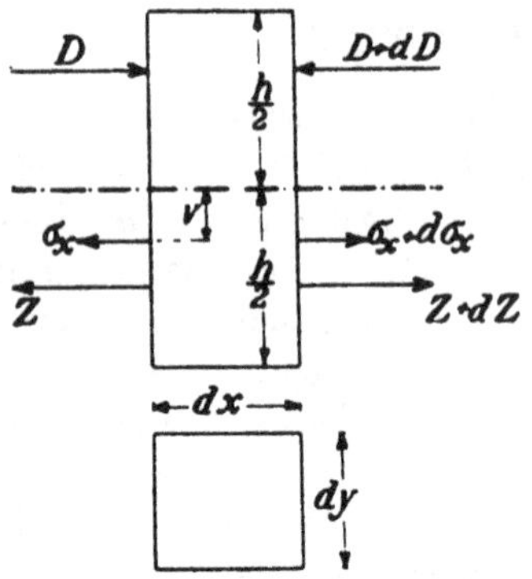

Fig. 2.

Wir betrachten nun die an einem Plattenelemente von der Höhe h, der Länge d_x und der Breite dy wirkenden inneren, wagerechten Kräfte (vgl. Fig. 2).

Addiert man die der x-Achse parallelen, inneren Elementarkräfte, so erhält man die entgegengesetzt gerichteten, gleichen Kräfte dD und dZ, welche ein um die y-Achse drehendes Kräftepaar mit dem Moment $\mathfrak{M}_{\sigma y}$ bilden:

$$\mathfrak{M}_{\sigma y} = \int_{-\frac{h}{2}}^{+\frac{h}{2}} d\sigma_x \cdot dy \cdot v \cdot dv.$$

Aus Gleichung 1 erhält man

$$d\sigma_x = -\frac{m^2}{m^2-1}\cdot\varepsilon\cdot v\cdot\left(\frac{\partial^3 z}{\partial x^3}+\frac{1}{m}\cdot\frac{\partial^3 z}{\partial y^2 \partial x}\right)\cdot dx$$

$$\mathfrak{M}_{\sigma y} = -\frac{m^2}{m^2-1}\cdot\varepsilon\left(\frac{\partial^3 z}{\partial x^3}+\frac{1}{m}\frac{\partial^3 z}{\partial y^2 \partial x}\right)\cdot dy\cdot dx\cdot\frac{h^3}{12}.$$

Ebenso liefern die zur y-Achse parallelen Elementarkräfte ein um die x-Achse drehendes Kräftepaar mit dem Moment $M_{\sigma x}$

$$\mathfrak{M}_{\sigma x} = -\frac{m^2\cdot\varepsilon}{m^2-1}\cdot\frac{h^3}{12}\left(\frac{\partial^3 z}{\partial y^3}+\frac{1}{m}\cdot\frac{\partial^3 z}{\partial x^2 \partial y}\right)\cdot dx\cdot dy.$$

Nun sind noch die an dem Plattenelement wirkenden Schubkräfte zu betrachten. Hierzu sollen die Schubspannungen in jedem Punkt der Oberfläche des Elementes in zwei Komponenten, eine wagerechte und eine senkrechte, zerlegt werden. Der erste Index (y) der Schubspannung τ soll die Achse (y) bezeichnen, welche senkrecht zu der Ebene ($h\cdot dx$) steht, in der die Schubkraft wirkt, der zweite Index die Achse, zu welcher die Schubkraftkomponente parallel ist. In der Fläche $h\cdot dx$ wirken demnach die Komponenten τ_{yz} und τ_{yx}, welche mit v veränderlich sind (vgl. Fig. 3).

Bezeichnen wieder x' und y' die Verschiebungen des Punktes (x, y, v) und γ den Elastizitätsmodul auf Schub, so ist, da die Schubspannung der Winkeländerung des Elementarprismas proportional ist,

$$\tau_{yx} = \gamma\left(\frac{\partial y'}{\partial x}+\frac{\partial x'}{\partial y}\right).$$

$$\frac{\partial x'}{\partial y} = -v\cdot\frac{\partial^2 z}{\partial x\cdot\partial y}; \qquad \frac{\partial y'}{\partial x} = -v\cdot\frac{\partial^2 z}{\partial y\cdot\partial x}$$

$$\tau_{yx} = -2\,\gamma\cdot v\cdot\frac{\partial^2 z}{\partial x\cdot\partial y}.$$

Die τ_{yz} der oberen und der unteren Plattenhälfte der Fläche $dx \cdot h$ sind entgegengesetzt gerichtet und ihre Resultierenden bilden ein um die y-Achse drehendes Kräftepaar mit dem Moment

$$\int_{-\frac{h}{2}}^{+\frac{h}{2}} \tau_{yx} \cdot dx \cdot v \cdot dv = -2\gamma \frac{h^3}{12} \cdot \frac{\partial^2 z}{\partial x \partial y} \cdot dx.$$

Auf der Rückseite $dx \cdot h$ des Plattenelementes entsteht ein entsprechendes Moment der Schubkräfte, welches in entgegengesetztem Sinne dreht und sich

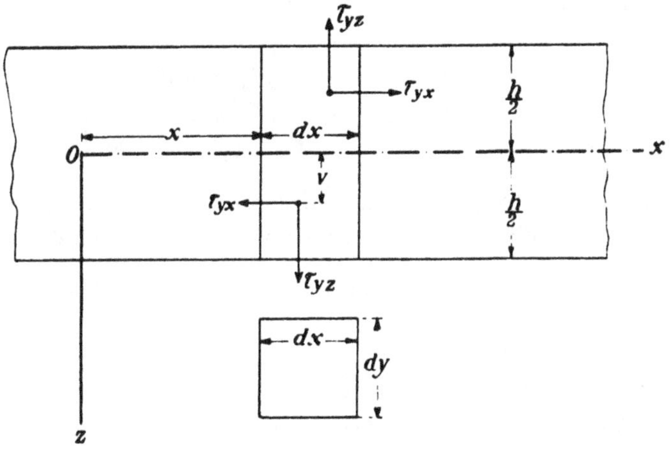

Fig. 3.

von dem soeben betrachteten Moment nur um ein Differential unterscheidet, so daß beide Kräftepaare zusammen ein Moment $\mathfrak{M}_{\tau y}$ gleich diesem Differential ergeben. Somit ist

$$\mathfrak{M}_{\tau y} = -2\gamma \frac{\partial^3 z}{\partial x \partial y^2} \cdot \frac{h^3}{12} \cdot dx \cdot dy.$$

In gleicher Weise bilden die Schubkräfte (τ_{xy}) der beiden Flächen $h \cdot dy$ ein um die x-Achse drehendes Kräftepaar von dem Moment

$$\mathfrak{M}_{\tau x} = -2\gamma \cdot \frac{\partial^3 z}{\partial y \partial x^2} \cdot \frac{h^3}{12} \cdot dx \cdot dy.$$

Es sind nun noch die zur z-Achse parallelen an dem Plattenelement wirkenden Schubkräfte (τ_{yz}, τ_{xz}) zu betrachten, welche auf den Flächen $h \cdot dy$ wirken. Die vertikalen Schubkräfte kann man auf jeder dieser Flächen zu einer Resultante zusammenfassen

$$d\,V_{yz} = \int_{-\frac{h}{2}}^{+\frac{h}{2}} \tau_{yz} \cdot dx \cdot dv\,; \quad d\,V_{xz} = \int_{-\frac{h}{2}}^{+\frac{h}{2}} \tau_{xy} \cdot dy \cdot dv.$$

dV_{yz} bildet mit der auf der Rückseite des Elementes gelegenen, entgegengesetzt gerichteten Vertikalkraft ein um die x-Achse drehendes Kräftepaar von dem Moment M_{Vx}

$$\mathfrak{M}_{Vx} = d\,V_{yz} \cdot dy.$$

Da die um die x-Achse drehenden Momente im Gleichgewicht sind, ist

$$d V_{yz} \cdot dy - \mathfrak{M}_{oy} - \mathfrak{M}_{1x} = 0$$

$$d V_{yz} = -\frac{m^2}{m^2-1} \cdot \varepsilon \cdot \frac{h^3}{12}\left(\frac{\partial^3 z}{\partial y^3} + \frac{1}{m} \cdot \frac{\partial^3 z}{\partial y \cdot \partial x^2}\right) \cdot dx - 2\gamma \cdot \frac{\partial^3 z}{\partial y \cdot \partial x^2} \cdot \frac{h^3}{12} \cdot dx.$$

Ebenso erhält man

$$d V_{xz} = -\frac{m^2}{m^2-1} \cdot \varepsilon \cdot \frac{h^3}{12}\left(\frac{\partial^3 z}{\partial x^3} + \frac{1}{m} \cdot \frac{\partial^3 z}{\partial x \partial y^2}\right) d y - 2\gamma \frac{\partial^3 z}{\partial x \partial y^2} \cdot \frac{h^3}{12} \cdot d y.$$

Da $\gamma = \dfrac{m \cdot \varepsilon}{2(m+1)}$ ist, kann man schreiben

$$\left.\begin{aligned} d V_{yz} &= -\frac{m^2}{m^2-1} \cdot \varepsilon \cdot \frac{h^3}{12}\left(\frac{\partial^3 z}{\partial y^3} + \frac{1}{m} \cdot \frac{\partial^3 z}{\partial x^2 \partial y}\right) d x \\ d V_{xz} &= -\frac{m^2}{m^2-1} \cdot \varepsilon \cdot \frac{h^3}{12}\left(\frac{\partial^3 z}{\partial x^3} + \frac{1}{m} \cdot \frac{\partial^3 z}{\partial y^2 \partial x}\right) \cdot d y. \end{aligned}\right\} \quad \ldots\ldots \quad (2)$$

Betrachtet man noch die Gleichgewichtsbedingung, daß die Summe der Vertikalkräfte gleich Null sein muß, so ist zu beachten, daß sich die elementaren Vertikalkräfte auf den beiden Seitenflächen $dx \cdot h$ um $\dfrac{\partial d V_{yz}}{\partial y} \cdot dy$ und auf den beiden Seitenflächen $dy \cdot h$ $\dfrac{\partial d V_{yz}}{\partial x} \cdot dx$ unterscheiden. Diese beiden Differentialkräfte müssen mit der Last im Gleichgewicht sein, die auf dem Oberflächenteil $dx \cdot dy$ der Platte liegt. Ist der Lastdruck an dem betrachteten Punkte π_x auf die Flächeneinheit, so muß demnach

$$\frac{\partial d V_{yz}}{\partial y} \cdot d y + \frac{\partial d V_{xz}}{\partial x} \cdot d x + \pi_x \cdot d x \cdot d y = o \text{ sein.}$$

Setzt man die Differentiale der Vertikalkräfte aus Gleichung 2 ein, so erhält man die Differentialgleichung für die elastische Fläche der ebenen Platte zu

$$\frac{m^2}{m^2-1} \cdot \varepsilon \cdot \frac{h^3}{12}\left(\frac{\partial^4 z}{\partial x^4} + 2\frac{\partial^4 z}{\partial x^2 \partial y^2} + \frac{\partial^4 z}{\partial y^4}\right) = \pi_x \quad \ldots\ldots \quad (3)$$

2. Das Rechnungsverfahren.

Da die Entwicklung eines Verfahrens für die Berechnung der größten Normalspannungen und der Einbiegungen einer rechteckigen Platte auf Grund der Differentialgleichung ihrer elastischen Fläche Schwierigkeiten begegnet, soll hier ein Rechnungsgang gewählt werden, der unabhängig von dieser Differentialgleichung ist.

An die Stelle der Gleichung der elastischen Fläche wird eine trigonometrische Reihe gesetzt, die aber diejenigen Bedingungen erfüllen muß, welche infolge der Art der Auflagerung oder der Belastung oder infolge der Symmetrie von der Gleichung der elastischen Fläche erfüllt sein müssen und die man im voraus, auch ohne die Gleichung der elastischen Fläche zu kennen, angeben kann.

Damit nun die trigonometrische Reihe diese Bedingungen erfüllt, wird sie so gewählt werden, daß ihre einzelnen Glieder jeder der zu stellenden Bedingungen einzeln genügen und somit dann sicherlich auch die Summe der Glieder denselben

Bedingungen entspricht. In diesen Reihen sind aber die zu den Reihengliedern gehörigen Zahlenkoeffizienten, die von der Lagerung und der Belastung der Platte abhängig sein werden, noch unbekannt.

Setzt man starre Auflager voraus, so kann man aus der Belastung und aus der Einbiegung der Platte, letztere genommen aus der trigonometrischen Reihe, die Deformationsarbeit $\mathfrak{T}$ der äußeren Kräfte ausdrücken. In dem Ausdruck von $\mathfrak{T}$ sind aber die eben genannten Zahlenkoeffizienten, die allgemein mit $A_{m'n'}$ bezeichnet werden sollen, immer noch unbekannt.

Durch gliedweise Differentiation der trigonometrischen Reihe kann man die zweiten partiellen Differentialquotienten der Reihe ableiten, die aber nicht immer an Stelle der entsprechenden Ableitungen der Gleichung der elastischen Fläche treten können. Vielmehr muß die Reihe so gewählt sein, daß ihre zweiten partiellen Ableitungen denselben Bedingungen genügen, die auch die zweiten Ableitungen der elastischen Fläche erfüllen müssen und die ebenfalls aus der Art der Lagerung oder der Belastung oder infolge der Symmetrie angegeben werden können, ohne die Gleichung der elastischen Fläche und ihre zweiten partiellen Ableitungen zu kennen. Auch hierfür wird die trigonometrische Reihe so gewählt werden, daß die einzelnen Reihenglieder ihrer zweiten Ableitungen den zu stellenden Bedingungen genügen.

Aus den zweiten partiellen Ableitungen kann, wie später gezeigt werden wird, die elastische Energie (innere Arbeit) $\mathfrak{A}$ der Platte berechnet werden, welche gleich sein muß der negativen Deformationsarbeit $\mathfrak{T}$.

$$\mathfrak{A} = -\mathfrak{T}.$$

Beide Seiten dieser Gleichung sind also durch trigonometrische Reihen ausgedrückt, in denen aber die Zahlenkoeffizienten $A_{m'n'}$ immer noch unbekannt sind. Es lassen sich also noch unendlich viele trigonometrische Reihen, entsprechend den unendlich vielen möglichen Werten von $A_{m'n'}$ aufstellen, welche sowohl diese Gleichungen als auch die oben betrachteten Bedingungen erfüllen. Von allen möglichen $A_{m'n'}$ kommen aber nur diejenigen in Betracht, für welche die Belastung P der Platte, als Funktion der $A_{m'n'}$ angesehen, die eine gewisse Einbiegung bewirkt, ein Minimum ist. Die Gleichungen

$$\frac{\partial P}{\partial A_{m'n'}} = 0$$

können somit zur Berechnung der unbekannten Koeffizienten $A_{m'n'}$ dienen.

Praktisch sind diese Gleichungen aber homogene Gleichungen, so daß sie nicht nur von den Werten $A_{m'n'}$ sondern auch von ihren vielfachen $\lambda \cdot A_{m'n'}$ erfüllt werden. Setzt man nun die $\lambda \cdot A_{m'n'}$ noch in die Gleichung $\mathfrak{A} = -\mathfrak{T}$ ein, so kann man auch noch λ berechnen.

Man sieht aus dieser Entwickelung, daß zur Rechnung der $A_{m'n'}$ nur die ursprüngliche, für die Gleichung der elastischen Fläche gewählte trigonometrische Reihe und ihre zweiten Ableitungen benötigt werden. Es genügt deshalb auch, wenn für diese beiden Reihen die mehrfach erwähnten Bedingungen gestellt werden, während die übrigen Ableitungen der trigonometrischen Reihe nur dann die Bedingungen der übrigen Ableitungen der elastischen Fläche zu erfüllen haben, wenn sie zur Rechnung herangezogen werden.

Wollen daher die im folgenden gewählten trigonometrischen Reihen noch zu weiteren Berechnungen benützt werden, zu welchen höhere Ableitungen erforderlich sind als die zweiten, muß zuerst geprüft werden, ob die höheren Ableitungen der Reihen auch den an sie zu stellenden Bedingungen genügen.

In den Plattenberechnungen wurden auch für die ersten Ableitungen der Reihen Bedingungen aufgestellt. Dies hätte jedoch entbehrt werden können. Sollen die höheren Ableitungen gewisse Bedingungen erfüllen, so wird auch zuweilen auf die Bedingungen der ersten Ableitungen verzichtet werden müssen, wodurch aber Reihen entstehen können, die der Einbiegungsfläche weniger gut entsprechen.

Für die praktische Rechnung ist es nun notwendig, Reihen zu wählen, die wenigstens in den gesuchten Resultaten rasch konvergieren. Im allgemeinen dürfte dies auch bei den vorgeschlagenen Reihen mit Ausnahme derjenigen für die konzentrierte Belastung gelungen sein. Wahrscheinlich läßt sich aber für diesen Belastungsfall noch eine günstigere Reihe auffinden.

Da für die Berechnung der elastischen Energie $\mathfrak{A}$ die Spannungen nach Gleichung 1 benützt werden, so sind die nach dem hier geschilderten Rechnungsgang gewonnenen Ergebnisse an dieselben Voraussetzungen gebunden, welche der Entwickelung der Differentialgleichung der Platte zugrunde gelegt werden mußten.

3. Der Träger auf zwei Stützen mit gleichförmig verteilter Belastung.

Der frei aufliegende Träger auf zwei Stützen mit der gleichförmig verteilten Belastung p auf die Längeneinheit in der Ebene entspricht der an vier Seiten frei gelagerten, ebenen, rechteckigen Platte mit der gleichförmigen Belastung π_x auf die Flächeneinheit im Raume. An die Stelle der elastischen Linie der Trägers in der Ebene tritt im Raume die elastische Fläche der Platte.

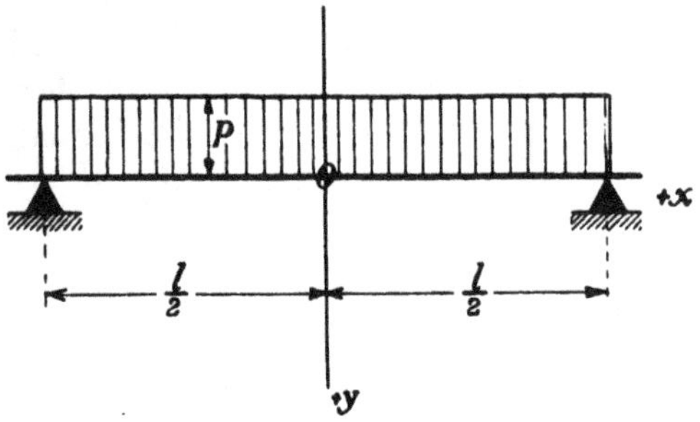

Fig. 4.

Es soll deshalb hier zunächst der frei aufliegende Träger nach dem gleichen Rechnungsverfahren untersucht werden, das im folgenden Abschnitt auf die frei an vier Seiten gelagerte, ebene, rechteckige Platte Anwendung finden wird.

Das zum Rechnungsverfahren benötigte Koordinatensystem wird so gewählt, daß der Ursprung in die Trägermitte fällt und die Trägerachse die Abszissenachse bildet. Die elastische Linie des Trägers mit der gleichförmigen Belastung p sei

$$y = f(x).$$

Diese Funktion muß einige Bedingungen erfüllen, die wir angeben können, ohne die Funktion näher zu kennen.

Wegen der Starrheit der Auflager muß

$$\text{für } x = \pm \frac{l}{2} \qquad y = 0 \text{ sein.}$$

Dagegen muß y für $x = 0$ einen endlichen von Null verschiedenen Wert annehmen.

$\frac{dy}{dx}$ ist die Tangente des Winkels, welchen die Tangente an die elastische

Linie mit der Abszissenachse einschließt. Da die elastische Linie im vorliegenden Falle zur Ordinatenachse symmetrisch verläuft, muß

$$\text{für } x = 0 \qquad \frac{dy}{dx} = 0 \text{ sein.}$$

Der zweite Differentialquotient $\frac{d^2y}{dx^2}$ ist dem Biegungsmoment proportional, das an den Auflagerpunkten Null ist. Deshalb ist

$$\text{für } x = \pm\frac{l}{2} \qquad \frac{d^2y}{dx^2} = 0.$$

Für die Gleichung der elastischen Linie $y = f(x)$ soll nun folgende unendliche trigonometrische Reihe gesetzt werden, welche den oben gestellten Bedingungen entspricht [1]):

$$y = \sum_{n=1}^{n=\infty} A_n \cdot \cos \frac{2n-1}{l} \pi \cdot x \quad \ldots \ldots \ldots \quad (4)$$

Für $x = \pm\frac{l}{2}$ werden alle Glieder der Reihe Null und somit auch $y = 0$.

Im Punkte $x = 0$ ist $y = \sum_{n=1}^{n=\infty} A_n$, so daß bei geeigneter Wahl der Beiwerte A_n y einen endlichen Wert erhält.

$$\frac{dy}{dx} = \sum_{n=1}^{n=\infty} - A_n \cdot \frac{2n-1}{l} \pi \cdot \sin \frac{(2n-1)}{l} \pi \cdot x.$$

Im Punkte $x = o$ werden die Glieder der Reihe und deshalb auch $\frac{dy}{dx}$ Null.

$$\frac{d^2y}{dx^2} = \sum_{n=1}^{n=\infty} - A_n \cdot \left(\frac{2n-1}{l} \pi\right)^2 \cos \frac{2n-1}{l} \pi \cdot x.$$

Man sieht, daß auch die letzte der gestellten Bedingungen von der gewählten trigonometrischen Reihe erfüllt wird, da für $x = \pm\frac{l}{2}$ die Reihe von $\frac{d^2y}{dx^2}$ Null ist.

Die Gleichung der elastischen Linie wäre uns nun bekannt, wenn die Beiwerte A bekannt wären.

Zur Bestimmung dieser Beiwerte kann man den Satz verwenden, daß die elastische Energie (innere Arbeit) gleich der negativen Arbeit der äußeren Kräfte ist.

Bezeichnet man mit $\mathfrak{M}$ die Biegungsmomente der Trägers, mit ε den Elastizitätsmodul und mit Θ das Trägheitsmoment, so ist die innere Arbeit $\mathfrak{A}$

$$\mathfrak{A} = 2\int_0^{\frac{l}{2}} \frac{\mathfrak{M}^2}{2\varepsilon\Theta} dx = \int_0^{\frac{l}{2}} \varepsilon \cdot \Theta \left(\frac{d^2y}{dx^2}\right)^2 dx$$

oder bei konstantem ε und Θ

$$\mathfrak{A} = \varepsilon \cdot \Theta \int_0^{\frac{l}{2}} \left[\sum_{n=1}^{n=\infty} - A_n \cdot \left(\frac{2n-1}{l}\pi\right)^2 \cdot \cos \frac{2n-1}{l} \pi \cdot x\right]^2 dx.$$

---

[1]) Die gewöhnliche Fouriersche Reihe kann nicht angewendet werden, weil für $p =$ konst. $A_0 = \frac{p}{2}$ wird, während die übrigen Koeffizienten A_n und B_n Null werden. Damit käme man wieder zur Gleichung der elastischen Linie in algebraischer Form.

Die quadratischen Glieder dieser Summe haben die Form

$$A^2_n \cdot \left(\frac{2n-1}{l}\pi\right)^4 \int_0^{\frac{l}{2}} \cos^2 \frac{2n-1}{l}\pi x \cdot dx = A^2_n \left(\frac{2n-1}{l}\pi\right)^4 \cdot \frac{l}{4},$$

Die Doppelglieder

$$2 A_n \cdot A_{n+r} \left(\frac{2n-1}{l}\right)^2 \left(\frac{2n+2r-1}{l}\pi\right)^2 \int_0^{\frac{l}{2}} \cos \frac{2n-1}{l}\pi x$$

$$\cdot \cos \frac{2n+2r-1}{l}\pi x \cdot dx = 0,$$

weil das Integral den Wert Null hat.

Es bleiben somit von der Quadratsumme nur die quadratischen Glieder übrig.

$$\mathfrak{A} = \frac{\varepsilon \cdot \Theta \cdot l}{4} \sum_{n=1}^{n=\infty} A^2_n \cdot \left(\frac{2n-1}{l} \cdot \pi\right)^4 \quad \ldots\ldots \quad (5)$$

Nachdem starre Auflager vorausgesetzt worden sind, ist die Arbeit der Auflagerkräfte Null und die Arbeit $\mathfrak{T}$ der äußeren Kräfte beschränkt sich auf die Arbeit der Lasten.

$$\mathfrak{T} = 2 \cdot \int_0^{\frac{l}{2}} \frac{py}{2} dx = p \int_0^{\frac{l}{2}} y dx = p \int_0^{\frac{l}{2}} \sum_{n=1}^{n=\infty} A_n \cdot \cos \frac{2n-1}{l} \pi \cdot x \cdot dx$$

$$\mathfrak{T} = p \sum_{n=1}^{n=\infty} A_n \cdot (-1)^{n+1} \cdot \frac{l}{(2n-1)\pi} = \frac{pl}{\pi} \cdot \sum_{n=1}^{n=\infty} (-1)^{n+1} \cdot \frac{A_n}{2n-1}.$$

$$\mathfrak{A} = -\mathfrak{T};$$

$$-\frac{4 \cdot p \cdot l^4}{\varepsilon \Theta \pi^5} = \frac{\sum_{n=1}^{n=\infty} A^2_n \cdot (2n-1)^4}{\sum_{n=1}^{n=\infty} (-1)^{n+1} \cdot \frac{A_n}{2n-1}} = \frac{Z}{N} \quad \ldots\ldots \quad (6)$$

Hierbei sollen Z und N nur Bezeichnungen für den Zähler und Nenner sein.

Aus dieser Gleichung sollen nun die A_n so bestimmt werden, daß sie die Belastung p, die die Einbiegung y bewirkt, zu einem Minimum machen:

$$\frac{\partial p}{\partial A_n} = 0 = 2 A_n (2n-1)^4 \cdot N - \frac{(-1)^{n+1}}{(2n-1)} \cdot Z$$

$$2 A_n \cdot (2n-1)^4 = \frac{(-1)^{n+1}}{(2n-1)} \cdot \frac{Z}{N} = -\frac{4 \cdot p \cdot l^4}{\varepsilon \cdot \Theta \cdot \pi^5} \cdot \frac{(-1)^{n+1}}{(2n-1)} \quad \ldots \quad (7)$$

Nun ist zu beachten, daß die Gleichungen, aus denen die A_n gewonnen werden, homogene sind, denn die Größen N und Z enthalten ausschließlich die Werte A_n. Es würden also nicht nur A_n die Gleichung 7 befriedigen sondern auch jedes Vielfache λA_n; daher ist

$$A_n = -\frac{2 p l^4}{\varepsilon \cdot \Theta \cdot \pi^5} \cdot \frac{(-1)^{n+1}}{(2n-1)^5} \cdot \lambda.$$

Setzt man diesen Wert A_n in Gleichung 6, so kann man λ berechnen:

$$-\frac{4\cdot p\cdot l^4}{\varepsilon\cdot\Theta\cdot\pi^5}=\frac{\dfrac{2pl}{\varepsilon\cdot\Theta\cdot\pi^5}\,\Sigma\,(2n-1)\,\dfrac{4(-1)^{n+1}}{(2n-1)^5}\cdot\lambda}{\Sigma\,\dfrac{(-1)^{n+1}}{2n-1}}$$

$$\lambda=2$$

$$A_n=-\frac{4\cdot p\cdot l^4}{\varepsilon\cdot\Theta\cdot\pi^5}\cdot\frac{(-1)^{n+1}}{(2n-1)^5}=-B'\cdot\frac{(-1)^{n+1}}{(2n-1)^5}=-B'\cdot\bar{A}_n. \quad . \quad (8)$$

Die abkürzenden Bezeichnungen B' und $\bar{A}_n$ können aus dieser Gleichung ersehen werden. Die Gleichung der elastischen Linie kann sonach durch die trigonometrische Reihe ausgedrückt werden:

$$y=B'\sum_{n=1}^{n=\infty}\bar{A}_n\cdot\cos\frac{2n-1}{l}\,\pi\cdot x=B'\cdot\sum_{n=1}^{n=\infty}\frac{(-1)^{n+1}}{(2n-1)^5}\cdot\cos\frac{2n-1}{l}\,\pi\cdot x.$$

Nun ist noch zu prüfen, ob die Ergebnisse, die sich von dieser Darstellung der elastischen Linie ableiten lassen, mit den Ergebnissen der Statik übereinstimmen.

Das Biegungsmoment in der Trägermitte ist

$$\mathfrak{M}=\frac{pl^2}{8}=-\varepsilon\cdot\Theta\left[\frac{d^2y}{dx^2}\right]_{x=0};$$

für $x=0$ ist

$$-\frac{d^2y}{dx^2}=\sum_{n=1}^{n=\infty}A_n\cdot\left(\frac{2n-1}{l}\,\pi\right)^2,$$

$$-\frac{d^2y}{dx^2}=-\frac{4pl^4}{\varepsilon\cdot\Theta\cdot\pi^5}\cdot\left(\frac{\pi}{l}\right)^2\cdot\sum_{n=1}^{n=\infty}\frac{(-1)^{n+1}}{(2n-1)^5}\cdot(2n-1)^2.$$

$$-\varepsilon\cdot\Theta\cdot\left[\frac{d^2y}{dx^2}\right]_{x=0}=-\frac{4pl^2}{\pi^3}\left(1-\frac{1}{27}+\frac{1}{125}-\frac{1}{343}\cdots\cdot\right)$$

Die Reihe hat den Wert $\frac{\pi^3}{32}$, somit ist

$$\varepsilon\cdot\Theta\cdot\left[\frac{d^2y}{dx^2}\right]_{x=0}=\frac{pl^2}{8}.$$

Mithin ergibt die trigonometrische Reihe dasselbe Mittelmoment, wie es von der Statik her bekannt ist, so daß also die trigonometrische Reihe zur Berechnung dieses Mittelmomentes richtig gewählt und die Koeffizienten A_n richtig bestimmt worden sind.

Die Belastung auf die Längeneinheit p kann durch die vierte Ableitung der elastischen Linie ausgedrückt werden.

$$p=\frac{d^2\mathfrak{M}}{d\,x^2}=\varepsilon\cdot\Theta\cdot\frac{d^4y}{dx^4}=\varepsilon\cdot\Theta\cdot\sum_{n=1}^{n=\infty}A_n\left(\frac{2n-1}{l}\,\pi\right)^4\cos\frac{2n-1}{l}\,p\cdot x.$$

Für den Punkt $x = 0$ ist

$$p = \varepsilon \cdot \Theta \cdot \left[\frac{d^4 y}{dx^4}\right]_{x=0} = \varepsilon \cdot \Theta \cdot \sum_{n=1}^{n=\infty} A_n \cdot \left(\frac{2n-1}{l}\pi\right)^4$$

$$p = \varepsilon \cdot \Theta \cdot \frac{4 \cdot p \cdot l^4}{\varepsilon \cdot \Theta \cdot \pi^5} \left(\frac{\pi}{l}\right)^4 \cdot \sum_{n=1}^{n=\infty} \frac{(-1)^{n+1}}{(2n-1)^5} \cdot (2n-1)^4$$

$$p = \cdot \frac{4p}{\pi}\left(1 - \frac{1}{3} + \frac{1}{5} - \frac{1}{7} \cdot \ldots \ldots\right)$$

Da die Reihe den Wert $\frac{\pi}{4}$ hat, ist die Gleichung richtig und die vierte Ableitung der trigonometrischen Reihe hat das nach der Statik zu erwartende Ergebnis für den Punkt $x = 0$ tatsächlich geliefert. Damit ist der Beweis erbracht, daß die gewählte trigonometrische Reihe und ihre vier ersten Ableitungen an dieser Stelle des Trägers die algebraische Gleichung der elastischen Linie und ihre vier ersten Ableitungen ersetzen können und daß die Beiwerte A_n der Reihenglieder nach dem eingeschlagenen Verfahren richtig bestimmt worden sind.

In den Punkten $x = \pm \frac{l}{2}$ wird die Reihe Null und damit $p = 0$, d. h. für diesen Punkt würde die vierte Ableitung der Reihe nicht an die Stelle der vierten Ableitung der elastischen Linie gesetzt werden können, da ja auch für die vierte Ableitung der Reihe keine Bedingungen gestellt worden sind. Es wäre nun zu prüfen, ob die Momentenlinie nach der trigonometrischen Reihe mit der Parabel genügend übereinstimmt.

Zahlenbeispiel.

Ein Träger von der Stützweite $l = 5{,}00$ m mit einer gleichmäßig verteilten Belastung von $p = 3096$ kg/m belastet hat folgende Biegungsmomente:

Abstand vom Auflager	Biegungsmomente mkg nach der Parabel	nach der trigon. Reihe mit einem,	zwei,	drei,	vier Gliedern	Unterschied
0	0	— 40	— 44	— 44	0	
0,5	3482	3 060	3358	3438	3450	0,9%
1,0	6192	5 850	6203	6203	6170	0,4%
1,5	8122	8 070	8186	8106	8140	— 0,2%
2,0	9288	9 510	9294	9294	9280	0,1%
2,5	9675	10 000	9630	9710	9680	— 0,1%

Die Reihe zeigt schon bei dem ersten Glied eine sehr gute Übereinstimmung mit der Momentenparabel. Bei Berücksichtigung mehrerer Glieder (zwei oder vier) kann man für alle Punkte des Trägers mit Hilfe der Reihe hinreichend genaue Biegungsmomente erhalten, wenn auch die Genauigkeit nach der Mitte des Trägers zu sich bessert (vgl. Fig. 5). Es kann somit die Parabel durch die trigonometrische Reihe in allen Punkten des Trägers ersetzt werden.

In anderen Belastungsfällen wird sich zeigen, daß die Reihen zuweilen nur für gewisse Bereiche bei Berücksichtigung einer beschränkten Gliederzahl mit

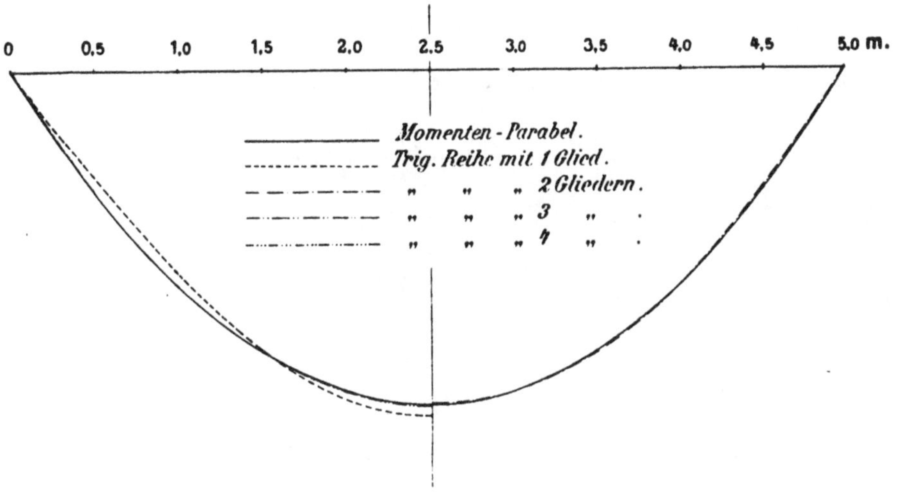

Fig. 5.

genügender Genauikeit Anwendung finden können. Damit ist aber nicht ausgeschlossen, daß man auch für die anderen Belastungsfälle noch besser entsprechende trigonometrische Reihen bilden kann.

4. Die an vier Seiten frei gelagerte, rechteckige Platte mit gleichförmig verteilter Belastung.

Die in der Fig. 6 dargestellte ebene Platte von der Dicke h ruhe auf den Schneiden AB, BC, CD und DA frei auf. Die Überstände der Platte über die Auflagerschneiden hinaus seien so klein, daß sie vernachlässigt werden können. Die Platte selbst sei gewichtslos gedacht aber mit einer gleichmäßig verteilten Last von π_x kg/qm belastet.

In die Platte soll ein Koordinatensystem so gelegt werden, daß die x—y-Ebene der Auflagerebene parallel in $\frac{h}{2}$ Abstand über der Auflagerebene liegt und der Koordinatenanfang in der Plattenmitte sich befindet.

Durch die Belastung entstehen in dem Punkte (x, y, v) der Platte Normalspannungen σ_x und σ_y, die durch die Gleichungen 1 gegeben sind (vgl. S. 2).

$$\left.\begin{aligned}\sigma_x &= \varepsilon \cdot \frac{m^2}{m^2-1} \cdot v \left(\frac{\partial^2 z}{\partial x^2} + \frac{1}{m} \cdot \frac{\partial^2 z}{\partial y^2}\right) \\ \sigma_y &= \varepsilon \cdot \frac{m^2}{m^2-1} \cdot v \left(\frac{\partial^2 z}{\partial y^2} + \frac{1}{m} \cdot \frac{\partial^2 z}{\partial x^2}\right)\end{aligned}\right\} \quad \ldots \ldots \quad (1)$$

Hierbei bedeutet m die Poissonsche Zahl und ε den Elastizitätsmodul des Plattenstoffes.

Zur Abkürzung soll künftig geschrieben werden

$$\frac{m^2}{m^2-1} \cdot \varepsilon = u_0.$$

Um das Rechnungsverfahren anwenden zu können, das in Abschnitt 3 für den geraden Träger auf zwei Stützen entwickelt worden ist, müssen zunächst die elastische Energie $\mathfrak{A}$ der Platte und die Arbeit $\mathfrak{T}$ der äußeren Kräfte berechnet werden.

Das Differential der elastischen Energie ist

$$d\mathfrak{A} = \frac{1}{2}\cdot\sigma_x\left(\sigma_x - \frac{\sigma_y}{m}\right)\cdot\frac{1}{\varepsilon}\cdot dy\,dv\cdot dx + \frac{1}{2}\sigma_y\left(\sigma_y - \frac{\sigma_x}{m}\right)\cdot\frac{1}{\varepsilon}\cdot dx\,dv\cdot dy;$$

$$d\mathfrak{A} = \frac{1}{\varepsilon}\left(\frac{\sigma_x^2+\sigma_y^2}{2} - \frac{\sigma_x\cdot\sigma_y}{m}\right)\cdot dx\,dy\,dv;$$

$$\mathfrak{A} = 4\int_0^{\frac{l_1}{2}}\int_0^{\frac{l}{2}}\int_{-\frac{h}{2}}^{+\frac{h}{2}} d\mathfrak{A}.$$

$$\int_{-\frac{h}{2}}^{+\frac{h}{2}} d\mathfrak{A} = \frac{1}{2\varepsilon}\cdot\alpha_0^2\int_{-\frac{h}{2}}^{+\frac{h}{2}}\left[\left(\frac{\partial^2 z}{\partial x^2}+\frac{1}{m}\cdot\frac{\partial^2 z}{\partial y^2}\right)^2+\left(\frac{\partial^2 z}{\partial y}+\frac{1}{m}\cdot\frac{\partial^2 z}{\partial x}\right)^2\right.$$

$$\left.-\frac{2}{m}\left(\frac{\partial^2 z}{\partial x^2}+\frac{1}{m}\cdot\frac{\partial^2 z}{\partial y^2}\right)\left(\frac{\partial^2 z}{\partial y^2}+\frac{1}{m}\cdot\frac{\partial^2 z}{\partial x^2}\right)\right]v^2\cdot dx\,dy\cdot dv;$$

$$\mathfrak{A} = 4\cdot\frac{\alpha_0^2}{2\varepsilon}\cdot\frac{h^3}{12}\cdot\int_0^{\frac{l_1}{2}}\int_0^{\frac{l}{2}}\left[\left(\left(\frac{\partial^2 z}{\partial x^2}\right)^2+\left(\frac{\partial^2 z}{\partial y^2}\right)^2\right)\left(1-\frac{1}{m^2}\right)+\frac{2}{m}\left(1-\frac{1}{m^2}\right)\cdot\frac{\partial^2 z}{\partial x^2}\cdot\frac{\partial^2 z}{\partial y^2}\right]dx\cdot dy. \quad (9)$$

Desgleichen ergibt sich aus den Ordinaten z der elastischen Fläche die Arbeit $\mathfrak{T}$ der äußeren Kräfte zu

$$\mathfrak{T} = 4\cdot\int_0^{\frac{l_1}{2}}\int_0^{\frac{l}{2}}\frac{\pi_x}{2}\cdot z\,dy\,dx = 2\,\pi_x\int_0^{\frac{l_1}{2}}\int_0^{\frac{l}{2}} z\cdot dy\cdot dx \quad . \; . \; . \; . \; . \quad (10)$$

Die elastische Energie ist gleich der negativen Arbeit der äußeren Kräfte.

$$-\mathfrak{T} = \mathfrak{A},$$

$$\pi_x = -\frac{\frac{\alpha_0^2}{\varepsilon}\cdot\frac{h^3}{12}\left(1-\frac{1}{m^2}\right)\int_0^{\frac{l_1}{2}}\int_0^{\frac{l}{2}}\left[\left(\frac{\partial^2 z}{\partial x^2}\right)^2+\left(\frac{\partial^2 z}{\partial y^2}\right)^2+\frac{2}{m}\cdot\frac{\partial^2 z}{\partial x^2}\cdot\frac{\partial^2 z}{\partial y^2}\right]dx\,dy}{\int_0^{\frac{l_1}{2}}\int_0^{\frac{l}{2}} z\cdot dx\cdot dy} \quad . \quad (11)$$

Denkt man sich die Gleichung der elastischen Fläche der Platte mit $z = f\,(x\;y)$ gefunden, so muß diese Gleichung bei der vorausgesetzten freien Auflagerung auf starren Auflagern folgenden Bedingungen genügen.

Wegen der Symmetrie der rechteckigen Platte muß sein

$$\frac{\partial z}{\partial x} = 0 \text{ für } x = 0 \text{ und jeden Wert von } y,$$

$$\frac{\partial z}{\partial y} = 0 \text{ für } y = 0 \text{ und jeden Wert von } x.$$

Da die Auflagerlinien gerade Linien sind, ist

$$\frac{\partial z}{\partial x} = 0 \text{ für } y = \pm \frac{l}{2} \text{ und jeden Wert von } x,$$

$$\frac{\partial z}{\partial y} = 0 \text{ für } x = \pm \frac{l_1}{2} \text{ und jeden Wert von } y.$$

Ferner werden die Biegungsmomente in der Richtung der Achsen an den Plattenrändern Null und deshalb

$$\frac{\partial^2 z}{\partial x^2} = 0 \text{ für } x = \pm \frac{l_1}{2} \text{ und jeden Wert von } y,$$

$$\frac{\partial^2 z}{\partial y^2} = 0 \text{ für } y = \pm \frac{l}{2} \text{ und jeden Wert von } x.$$

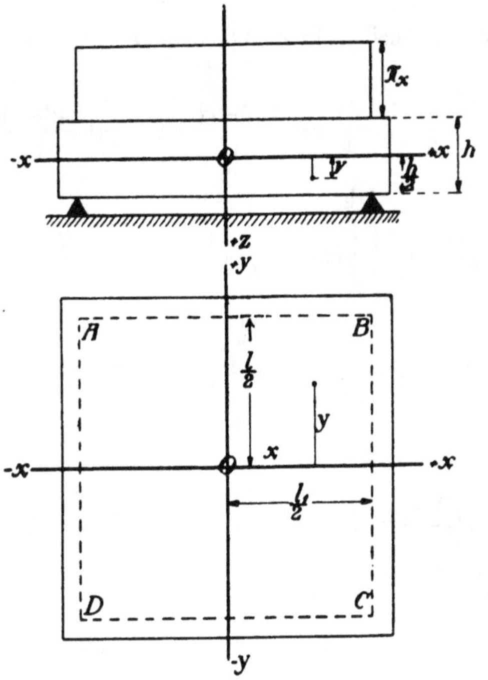

Fig. 6.

Wegen der starren Auflager werden

$$z = 0 \text{ für } x = \pm \frac{l_1}{2} \text{ und jeden Wert von } y,$$

$$\text{sowie für } y = \pm \frac{l}{2} \text{ und jeden Wert von } x.$$

Diesen Bedingungen genügt folgende doppelte, unendliche Reihe für z

$$z = \sum_{m'=1}^{m'=\infty} \sum_{n'=1}^{n'=\infty} - A_{m'n'} \cdot \cos \frac{2m'-1}{l_1} \cdot \pi \cdot x \cdot \cos \frac{2n'-1}{l} \cdot \pi \cdot y, \tag{12}$$

wie man sich durch die Bildung ihrer Ableitungen überzeugen kann:

$$\frac{\partial z}{\partial x} = \sum_{m'=1}^{m'=\infty} \sum_{n'=1}^{n'=\infty} - A_{m'n'} \frac{(2m'-1) \cdot \pi}{l_1} \sin \frac{2m'-1}{l_1} \pi x \cdot \cos \frac{2n'-1}{l} \cdot \pi \cdot y,$$

$$\frac{\partial^2 z}{\partial x^2} = \sum_{m'=1}^{m'=\infty} \sum_{n'=1}^{n'=\infty} - A_{m'n'} \left(\frac{(2m'-1) \cdot \pi}{l_1}\right)^2 \cos \frac{2m'-1}{l_1} \pi x \cdot \cos \frac{2n'-1}{l} \cdot \pi \cdot y;$$

$$\frac{\partial z}{\partial y} = \sum_{m'=1}^{m'=\infty} \sum_{n'=1}^{n'=\infty} -A_{m'n'} \left(\frac{2n'-1}{l} \cdot \pi\right) \cdot \cos \frac{2m'-1}{l_1} \pi \cdot x \cdot \sin \frac{2n'-1}{l} \cdot \pi \cdot y,$$

$$\frac{\partial^2 z}{\partial y^2} = \sum_{m'=1}^{m'=\infty} \sum_{n'=1}^{n'=\infty} -A_{m'n'} \left(\frac{2n'-1}{l} \cdot \pi\right)^2 \cos \frac{2m'-1}{l_1} \cdot \pi \cdot x \cdot \cos \frac{2n'-1}{l} \cdot \pi \cdot y.$$

Um die Gleichung 11 weiter behandeln zu können, sind zunächst folgende Ausdrücke zu bilden:

$$\int_0^{\frac{l_1}{2}} \int_0^{\frac{l}{2}} \left(\frac{\partial^2 z}{\partial x^2}\right)^2 dx\, dy = \int_0^{\frac{l_1}{2}} \int_0^{\frac{l}{2}} \left[\sum_{m'=1}^{m'=\infty} \sum_{n'=1}^{n'=\infty} A_{m'n'} \left(\frac{2m'-1}{l_1} \cdot \pi\right)^2 \cos \frac{2m'-1}{l_1} \cdot \pi \cdot x \right.$$
$$\left. \cdot \cos \frac{2n'-1}{l} \pi \cdot y\right]^2 dx \cdot dy.$$

Die quadratischen Glieder dieser Quadratsumme haben die Form

$$\int_0^{\frac{l_1}{2}} \int_0^{\frac{l}{2}} A^2_{m'n'} \cdot \left(\frac{2m'-1}{l_1} \cdot \pi\right)^4 \cos^2 \frac{2m'-1}{l_1} \pi\, x \cdot \cos^2 \frac{2n'-1}{l} \cdot \pi\, y \cdot dy \cdot dx$$

$$= A^2_{m'n'} \left(\frac{2m'-1}{l_1} \pi\right)^4 \int_0^{\frac{l}{2}} \int_0^{\frac{l_1}{2}} \cos^2 \frac{2m'-1}{l_1} \cdot \pi \cdot x \cdot \cos^2 \frac{2n'-1}{l} \pi\, y \cdot dy \cdot dx$$

$$= A^2_{m'n'} \left(\frac{2m'-1}{l_1} \pi\right)^4 \left[\frac{l}{(2n'-1)\pi} \left(\frac{1}{4} \cdot \sin \frac{2(2n'-1)\pi\, y}{l} + \frac{(2n'-1)\pi\, y}{2 \cdot l}\right)_0^{\frac{l}{2}} \right.$$
$$\left. \cdot \frac{l_1}{(2m'-1)\pi} \left(\frac{1}{4} \sin \frac{2(m'-1)}{l_1} \pi \cdot x + \frac{(2m'-1)\pi\, x}{2\, l_1}\right)_0^{\frac{l_1}{2}}\right]$$

$$= A^2_{m'n'} \left(\frac{2m'-1}{l_1} \cdot \pi\right)^4 \cdot \frac{l_1 \cdot l}{16}. \quad \dots \dots \quad (13)$$

In der gleichen Weise findet man für die Integrale der Doppelglieder:

$$\int_0^{\frac{l_1}{2}} \int_0^{\frac{l}{2}} A_{m'n'} \cdot A_{m'+r,\, n'+s} \left(\frac{2m'-1}{l_1} \cdot \pi\right)^2 \left(\frac{2m'+2r-1}{l_1} \cdot \pi\right)^2 \cdot \cos \frac{2m'-1}{l_1} \cdot \pi\, x$$
$$\cdot \cos \frac{2n'-1}{l} \pi \cdot y \cdot \cos \frac{2m'+2r-1}{l_1} \pi\, x \cdot \cos \frac{2n'+2s-1}{l} \pi \cdot y\, dx \cdot dy$$

Hierbei kommen also stets Integrale von der Form vor

$$\int_0^{\frac{l_1}{2}} \cos \frac{2m'-1}{l_1} \cdot \pi\, x \cdot \cos \frac{2m'+2r-1}{l_1} \pi\, x \cdot dx$$

$$= \left[\frac{\sin \frac{2r\pi\, x}{l_1}}{2 \cdot \frac{2r\pi}{l_1}} - \frac{\sin \frac{2(m'+r-1)\pi\, x}{l_1}}{2 \cdot 2\, \frac{(m'+r-1)\pi}{l_1}}\right]_0^{\frac{l}{2}} = 0. \quad \dots \quad (14)$$

Es werden somit alle Doppelglieder gleich Null, während die quadratischen Glieder die Form 13 annehmen. Für die Gleichung 11 ist ferner der Ausdruck zu bilden

$$\int_0^{\frac{l_1}{2}}\int_0^{\frac{l}{2}}\left(\frac{\partial^2 z}{\partial y^2}\right)^2 \cdot dx\,dy = \int_0^{\frac{l_1}{2}}\int_0^{\frac{l}{2}}\left[\sum_{m'=1}^{m'=\infty}\sum_{n'=1}^{n'=\infty} A_{m'n'}\left(\frac{2n'-1}{l}\pi\right)^2 \cos\frac{2m'-1}{l_1}\pi\cdot x \cdot \cos\frac{2n'-1}{l}\pi\, y\right]^2 dx\cdot dy.$$

Dieser Ausdruck kann analog dem für $\left(\frac{\partial^2 z}{\partial x^2}\right)^2$ behandelt werden und man erhält dadurch die quadratischen Glieder des vorstehenden Doppelintegrals in der Form

$$\int_0^{\frac{l_1}{2}}\int_0^{\frac{l}{2}} A^2_{m'n'}\left(\frac{2n'-1}{l}\pi\right)^4 \cos^2\frac{2m'-1}{l_1}\pi\cdot x\cdot\cos^2\frac{2n'-1}{l}\cdot\pi y\; dy\cdot dx$$

$$= A^2_{m'n'}\left(\frac{2n'-1}{l}\pi\right)^4\cdot\frac{l_1 l}{16} \quad \ldots\ldots\ldots\ldots \quad (15)$$

Die Doppelglieder des quadratischen Polynoms werden auch in dem Ausdruck mit

$\left(\frac{\partial^2 z}{\partial y^2}\right)^2$ wie oben bei $\left(\frac{\partial^2 z}{\partial x^2}\right)^2$ gleich Null.

Schließlich ist für Gleichung 11 noch zu berechnen

$$\int_0^{\frac{l_1}{2}}\int_0^{\frac{l}{2}}\frac{\partial^2 z}{\partial x^2}\cdot\frac{\partial^2 z}{\partial y^2}\cdot dx\cdot dy$$

$$= \int_0^{\frac{l_1}{2}}\int_0^{\frac{l}{2}}\sum_{m'=1}^{m'=\infty}\sum_{n'=1}^{n'=\infty} A^2_{m'n'}\left(\frac{2m'-1}{l_1}\pi\right)^2\left(\frac{2n'-1}{l}\pi\right)^2\cos^2\frac{2m'-1}{l_1}\pi\, x\cos^2\frac{2n'-1}{l}\pi y\cdot dx dy.$$

Durch Vergleich dieses Ausdrucks mit den entsprechenden Doppelintegralen der Ausdrücke für $\left(\frac{\partial^2 z}{\partial x^2}\right)^2$ und $\left(\frac{\partial^2 z}{\partial y^2}\right)^2$ kann man leicht einsehen, daß

$$\int_0^{\frac{l_1}{2}}\int_0^{\frac{l}{2}}\frac{\partial^2 z}{\partial x^2}\cdot\frac{\partial^2 z}{\partial y^2}\cdot dx\cdot dy = A^2_{m'n'}\left(\frac{2m'-1}{l}\pi\right)^2\left(\frac{2n'-1}{l}\pi\right)^2\frac{l_1 l}{16}$$

ist.

Die Doppelglieder mit den Faktoren $A_{m'n'}\cdot A_{m'+r,\ n'+s}$ werden Null.

Der Nenner der Gleichung 11 ist

$$\int_0^{\frac{l}{2}}\int_0^{\frac{l_1}{2}} z\,dy\cdot dx = \int_0^{\frac{l_1}{2}}\int_0^{\frac{l}{2}}\sum_{m'=0}^{m'=\infty}\sum_{n'=0}^{n'=\infty} A_{m'n'}\cos\left(\frac{2m'-1}{l_1}\pi\, x\right)\cos\left(\frac{2n'-1}{l}\pi\, y\right) dx\cdot dy.$$

$$\int_0^{\frac{l}{2}}\int_0^{\frac{l_1}{2}} \cos\frac{2m'-1}{l_1}\cdot\pi\, x\cdot\cos\frac{2n'-1}{l}\cdot\pi\, y\cdot dy\, dx$$

$$=\int_0^{\frac{l}{2}}\cos\left(\frac{2n'-1}{l}\cdot\pi\, y\right)dy\int_0^{\frac{l_1}{2}}\cos\left(\frac{2m'-1}{l_1}\cdot\pi\cdot x\right)dx=\int_0^{\frac{l}{2}}\cos\left(\frac{2n'-1}{l}\cdot\pi\, y\right)\frac{l_1}{(2m'-1)\pi}$$

$$\cdot(-1)^{m'+1}dy=\frac{l_1}{(2m'-1)\pi}\cdot\frac{l}{(2n'-1)\pi}\cdot(-1)^{m'+n'}=\frac{(-1)^{m'+n'}\cdot l_1 l}{\pi^2(2m'-1)(2n'-1)}.$$

$$\int_0^{\frac{l_1}{2}}\int_0^{\frac{l}{2}} z\, dy\, dx=\frac{l_1 l}{\pi^2}\sum_{m'=1}^{m'=\infty}\sum_{n'=1}^{n'=\infty}(-1)^{m'+n'}\cdot A_{m'n'}\cdot\frac{1}{(2m'-1)(2n'-1)}\quad .\ (17)$$

Setzt man nun die in den Gleichungen 13, 14, 15, 16 und 17 entwickelten Werte in die Gleichung 11 ein, so erhält man

$$\pi_x=-\frac{\frac{\alpha_0^2}{\varepsilon}\cdot\frac{h^3}{12}\left(1-\frac{1}{m^2}\right)\left[\sum_{m'=1}^{m'=\infty}\sum_{n'=1}^{n'=\infty}A^2_{m'n'}\cdot\frac{l_1 l}{16}\left(\left(\frac{2m'-1}{l_1}\pi\right)^4+\left(\frac{2n'-1}{l}\pi\right)^4\right)+\frac{2}{m}\sum_{m'=1}^{m'=\infty}\sum_{n'=1}^{n'=\infty}A^2_{m'n'}\cdot\frac{l_1 l}{16}\left(\frac{2m'-1}{l_1}\pi\right)^2\left(\frac{2n'-1}{l}\pi\right)^2\right]}{\frac{l_1 l}{\pi^2}\sum_{m'=1}^{m'=\infty}\sum_{n'=1}^{n'=\infty}(-1)^{m'+n'}\cdot A_{m'n'}\cdot\frac{1}{(2m'-1)(2n'-1)}}$$

$$\pi_x=-\frac{\frac{\alpha_0^2}{\varepsilon}\cdot\frac{h^3}{12}\left(1-\frac{1}{m^2}\right)\left[\frac{\pi^6}{16}l_1^2 l^2\sum_{m'=1}^{m'=\infty}\sum_{n'=1}^{n'=\infty}A^2_{m'n'}\left(\left(\frac{2m'-1}{l_1}\right)^4+\left(\frac{2n'-1}{l}\right)^4\right)+\frac{2}{m}\frac{\pi^6}{16}\sum_{m'=1}^{m'=\infty}\sum_{n'=1}^{n'=\infty}A^2_{m'n'}(2m'-1)^2\cdot(2n'-1)^2\right]}{l_1^2 l^2\sum_{m'=1}^{m'=\infty}\sum_{n'=1}^{n'=\infty}(-1)^{m'+n'}A_{m'n'}\cdot\frac{1}{(2m'-1)(2n'-1)}}$$

Zur Abkürzung sollen folgende Bezeichnungen eingeführt werden

$$B=\frac{\pi_x\cdot 16\cdot l_1^2 l^2\cdot 12\varepsilon}{\pi^6\cdot\alpha_0^2 h^3\left(1-\frac{1}{m^2}\right)}=\frac{192\,\pi_x l_1^2 l^2(m^2-1)}{\pi^6\cdot m^2\cdot\varepsilon h^3}\quad .\ .\ .\ .\ .\ (18)$$

$$C_1=l_1^2 l^2;\quad C_2=\frac{2}{m}.$$

$$B=-\frac{C_1\sum_{m'=1}^{m'=\infty}\sum_{n'=1}^{n'=\infty}A^2_{m'n'}\left[\left(\frac{2m'-1}{l_1}\right)^4+\left(\frac{2n'-1}{l}\right)^4\right]+C_2\sum_{m'=1}^{m'=\infty}\sum_{n'=1}^{n'=\infty}A^2_{m'n'}(2m'-1)^2(2n'-1)^2}{\sum_{m'=1}^{m'=\infty}\sum_{n'=1}^{n'=\infty}(-1)^{m'+n'}A_{m'n'}\cdot\frac{1}{(2m'-1)(2n'-1)}}\quad .\ .\ (19)$$

Die beiden Doppelsummen des Zählers kann man auch in eine Doppelsumme schreiben. Es sind nunmehr noch die Beiwerte $A_{m'n'}$ zu bestimmen. Man kann auch hier wie bei dem Träger auf zwei Stützen die Belastung π_x bzw. die Größe B als Funktion der unendlich vielen unabhängigen Variabeln $A_{m'n'}$ auffassen, welche die Belastung π_x bzw. B zu einem Minimum machen sollen.

Es sei der Zähler des Ausdruckes für B mit Z, der Nenner mit N bezeichnet.

$$\frac{\partial B}{\partial A_{m'n'}} = 0 = -2A_{m'n'}\left[C_1\left(\left(\frac{2m'-1}{l_1}\right)^4+\left(\frac{2n'-1}{l}\right)^4\right)\right.$$

$$\left.+C_2(2m'-1)^2(2n'-1)^2\right]N+(-1)^{m'+n'}\frac{1}{(2m'-1)(2n'-1)}\cdot Z \quad (20)$$

Dividiert man diese Gleichung mit N und setzt für $\frac{Z}{N} = B$ wieder ein, so ergibt sich

$$2A_{m'n'}\left(C_1\left[\left(\frac{2m'-1}{l_1}\right)^4+\left(\frac{2n'-1}{l}\right)^4\right]+C_2(2m'-1)^2(2n'-1)^2\right)$$

$$=(-1)^{m'+n'}\cdot\frac{-B}{(2m'-1)(2n-1)}.$$

Bei dieser Gleichung ist aber zu beachten, daß die Größen N und Z nur Glieder der Unbekannten $A_{m'n'}$ enthalten und somit die vorliegende Gleichung homogen ist. Wenn ein Wert $A_{m'n'}$ sie befriedigt, befriedigt sie auch ein beliebiger vielfacher Wert $\lambda\cdot A_{m'n'}$. Es muß deshalb auch hier, wie bei dem Träger auf zwei Stützen, allgemein geschrieben werden

$$\lambda A_{m'n'} = \frac{(-1)^{m'+n'}\;-B}{(2m'-1)(2n'-1)\cdot 2\cdot\left(C_1\cdot\left[\left(\frac{2m'-1}{l_1}\right)^4+\left(\frac{2n'-1}{l}\right)^4\right]+C_2(2m'-1)^2(2n'-1)^2\right)} \quad \ldots\ldots (21)$$

Es erübrigt nun noch, wie bei dem Träger den Wert λ zu bestimmen, indem man die Gleichung 21 in Gleichung 19 einsetzt.

$$B = -\frac{B^2\cdot\lambda^2\cdot\sum\limits_{m'=0}^{m'=\infty}\sum\limits_{n'=0}^{n'=0}\frac{(-1)^{2(m'+n')}}{(2m'-1)^2(2n'-1)^2\cdot 4\left[C_1\left\{\left(\frac{2m'-1}{l_1}\right)^4+\left(\frac{2n'-1}{l}\right)^4\right\}+C_2(2m'-1)^2(2n'-1)^2\right]}}{B\cdot\lambda\sum\limits_{m'=0}^{m'=1}\sum\limits_{n'=0}^{n'=1}\frac{(-1)^{2(m'+n')}}{(2m'-1)^2(2n'-1)^2\cdot 2\left[C_1\left\{\left(\frac{2m'-1}{l_1}\right)^4+\left(\frac{2n'-1}{l}\right)^4\right\}+C_2(2m'-1)^2(2n'-1)^2\right]}}$$

Deshalb ist $\lambda = 2.$

$$A_{m'n'} = \frac{-B \cdot (-1)^{m'+n'}}{(2m'-1)(2n'-1)\left[C_1\left\{\left(\frac{2m'-1}{l_1}\right)^4 + \left(\frac{2n'-1}{l}\right)^4\right\} + C_2 (2m'-1)^2 (2n'-1)^2\right]} \quad \ldots\ldots (22)$$

Es ist also in Gleichung 22 der Wert aller Glieder $A_{m'n'}$ gegeben, wenn man m' von 1 bis ∞ und n' von 1 bis ∞ sämtliche Zahlen des Zahlensystems durchlaufen läßt. Der Übersichtlichkeit wegen und zur bequemeren Rechnung seien noch die Beiwerte $A_{m'n'}$ für $m' = 1$ und 2 sowie $n' = 1$ und 2 angefügt.

$$\left.\begin{aligned}
A_{11} &= -\frac{B}{C_1\left(\frac{1}{l_1^4} + \frac{1}{l^4}\right) + C_2} \\
A_{12} &= +\frac{B}{3C_1\left[\frac{1}{l_1^4} + \left(\frac{3}{l}\right)^4\right] + 27C_2} \\
A_{21} &= +\frac{B}{3C_1\left[\left(\frac{3}{l_1}\right)^4 + \frac{1}{l^4}\right] + 27C_2} \\
A_{22} &= -\frac{B}{9C_1\left[\left(\frac{3}{l_1}\right)^4 + \left(\frac{3}{l}\right)^4\right] + 729C_2}
\end{aligned}\right\} \quad \ldots\ldots (23)$$

Setzt man diese Werte in die Gleichung 19) und begnügt sich mit vier Gliedern der Doppelreihe, so erhält man

$$B = \frac{C_1\left(A^2_{11}\left[\frac{1}{l_1^4} + \frac{1}{l^4}\right] + A^2_{12}\left[\frac{1}{l_1^4} + \left(\frac{3}{l}\right)^4\right] + A^2_{21}\left[\left(\frac{3}{l_1}\right)^4 + \frac{1}{l^4}\right] + A^2_{22}\left[\left(\frac{3}{l_1}\right)^4 + \left(\frac{3}{l}\right)^4\right]\right) + C_2\left(A^2_{11} + 9A^2_{12} + 9A^2_{21} + 81A^2_{22}\right)}{A_{11} - \frac{A_{12}}{3} - \frac{A_{21}}{3} + A_{22}} \quad (24)$$

Wie an einem Beispiel später gezeigt werden wird, genügen vier Glieder der Doppelreihe vollkommen und in den meisten praktischen Fällen können sogar weniger Glieder gewählt werden.

Setzt man die gefundenen Werte der Größen $A_{m'n'}$ in die Gleichung

$$z = \sum_{m'=1}^{m'=\infty} \sum_{n'=1}^{n'=\infty} A_{m'n'} \cos\frac{2m'-1}{l_1}\pi \cdot x \cos\frac{2n'-1}{l} \cdot \pi \cdot y$$

ein, so ist dann die elastische Fläche der gleichförmig mit π_s kg/qm belasteten, frei an den Rändern gelagerten Platte bekannt.

In den meisten praktischen Fällen sollen zu einer gegebenen Belastung und zu einer angenommenen Plattenstärke h die Oberflächenspannungen der Platte berechnet werden. Hiezu können die Gleichungen 1) benützt werden, aus welchen man für $v = \frac{h}{2}$ die Oberflächenspannungen nach den Richtungen der Koordinatenachsen erhält. Die Oberflächenspannungen sind sonach

$$\sigma_{xo} = \varepsilon \cdot \frac{m^2}{m^2 - 1} \cdot \frac{h}{2} \left(\frac{\partial^2 z}{\partial x^2} + \frac{1}{m} \cdot \frac{\partial^2 z}{\partial y^2} \right)$$

$$\sigma_{yo} = \varepsilon \frac{m^2}{m^2 - 1} \cdot \frac{h}{2} \left(\frac{\partial^2 z}{\partial y^2} + \frac{1}{m} \cdot \frac{\partial^2 z}{\partial x^2} \right)$$

In diese Gleichungen sind die auf Seite 13 und 14 entwickelten Werte der partiellen Differentialquotienten einzusetzen, in welchen die Größen $A_{m'n'}$ die nach der Gleichung 22 bzw. 23 berechneten Werte anzunehmen haben.

$$\left.\begin{aligned}
\sigma_{xo} = \varepsilon \cdot \frac{h}{2} \cdot \frac{m^2}{m^2 - 1} \Bigg[& - \sum_{m'=1}^{m'=\infty} \sum_{n'=1}^{n'=\infty} A_{m'n'} \left(\frac{2m' - 1}{l_1} \cdot \pi \right)^2 \cos \frac{2m' - 1}{l_1} \pi x \\
& \cdot \cos \frac{2n' - 1}{l} \pi y - \frac{1}{m} \sum_{m'=1}^{m'=\infty} \sum_{n'=1}^{n'=\infty} A_{m'n'} \left(\frac{2n' - 1}{l} \right)^2 \pi^2 \\
& \cdot \cos \frac{2m' - 1}{l_1} \pi x \cdot \cos \frac{2n' - 1}{l} \pi y \Bigg] \\
\sigma_{yo} = \varepsilon \cdot \frac{h}{2} \cdot \frac{m^2}{m^2 - 1} \Bigg[& - \sum_{m'=1}^{m'=\infty} \sum_{n'=1}^{n'=\infty} A_{m'n'} \left(\frac{2n' - 1}{l} \pi \right)^2 \cos \frac{2m' - 1}{l_1} \pi \cdot x \\
& \cdot \cos \frac{2n' - 1}{l} \pi \cdot y - \frac{1}{m} \sum_{m'=1}^{m'=\infty} \sum_{n'=1}^{n'=\infty} A_{m'n'} \left(\frac{2m' - 1}{l_1} \pi \right)^2 \\
& \cdot \cos \frac{2m' - 1}{l_1} \pi x \cdot \cos \frac{2n' - 1}{l} \cdot \pi y \Bigg].
\end{aligned}\right\} \quad (25)$$

Berücksichtigt man zu Berechnung der Oberflächenspannungen auch nur vier Glieder der Doppelreihe, so kann man schreiben

$$\begin{aligned}
\sigma_{xo} = - \varepsilon \frac{m^2}{m^2 - 1} \cdot \frac{h}{2} \cdot \Bigg[& A_{11} \left(\frac{\pi}{l_1} \right)^2 \cdot \cos \frac{\pi x}{l_1} \cdot \cos \frac{\pi y}{l} + A_{12} \cdot \left(\frac{\pi}{l_1} \right)^2 \cos \frac{\pi x}{l_1} \cdot \cos \frac{3 \pi y}{l} \\
& + A_{21} \left(\frac{3 \pi}{l_1} \right)^2 \cos \frac{3 \pi x}{l} \cos \frac{\pi y}{l} + A_{22} \left(\frac{3 \pi}{l_1} \right)^2 \cos \frac{3 \pi x}{l_1} \cos \frac{3 \pi y}{l} \\
& + \frac{A_{11}}{m} \left(\frac{\pi}{l} \right)^2 \cos \frac{\pi x}{l_1} \cos \frac{\pi y}{l} + \frac{A_{12}}{m} \left(\frac{3 \pi}{l} \right)^2 \cos \frac{\pi x}{l_1} \cos \frac{3 \pi}{l} y \\
& + \frac{A_{21}}{m} \left(\frac{\pi}{l} \right)^2 \cdot \cos \frac{3 \pi x}{l_1} \cdot \cos \frac{\pi y}{l} + \frac{A_{22}}{m} \left(\frac{3 \pi}{l} \right)^2 \cos \frac{3 \pi x}{l_1} \cos \frac{3 \pi y}{l} \Bigg].
\end{aligned}$$

Für die Rechnung kann man diese Gleichung bequemer gestalten

$$\begin{aligned}
\sigma_{xo} = - \varepsilon \frac{m^2}{m^2 - 1} \frac{h}{2} \Bigg[& A_{11} \pi^2 \cdot \cos \frac{\pi x}{l_1} \cdot \cos \frac{\pi y}{l} \left(\frac{1}{l_1^2} + \frac{1}{m \cdot l^2} \right) + A_{12} \cdot \pi^2 \\
& \cdot \cos \frac{\pi x}{l_1} \cos \frac{3 \pi y}{l} \left(\frac{1}{l_1^2} + \frac{9}{m \cdot l^2} \right) + A_{21} \cdot \pi^2 \cdot \cos \frac{3 \pi x}{l_1} \cos \frac{\pi y}{l} \left(\frac{9}{l_1^2} + \frac{1}{m l^2} \right) + \\
& + A_{22} \cdot \pi^2 \cos \frac{3 \pi x}{l_1} \cdot \cos \frac{3 \pi y}{l} \left(\frac{9}{l_1^2} + \frac{9}{m l^2} \right) \Bigg].
\end{aligned}$$

Eine weitere Vereinfachung des Ausdruckes kann man noch dadurch erreichen, daß man π^2 und den den Größen A gemeinsamen Faktor B vor die Klammer setzt. Die Größen A der Gleichungen 14) kann man dabei schreiben

$$\left.\begin{aligned}
\frac{A_{11}}{B} &= \bar{A}_{11} = -\frac{1}{C_1\left(\frac{1}{l_1^4}+\frac{1}{l^4}\right)+C_2}\\
\frac{A_{12}}{B} &= \bar{A}_{12} = +\frac{1}{3\,C_1\left(\frac{1}{l_1^4}+\frac{3^4}{l^4}\right)+27\,C_2}\\
\frac{A_{21}}{B} &= \bar{A}_{21} = +\frac{1}{3\,C_1\left(\frac{3^4}{l_1^4}+\frac{1}{l^4}\right)+27\,C_2}\\
\frac{A_{22}}{B} &= \bar{A}_{22} = -\frac{1}{9\,C_1\left(\frac{3^4}{l_1^4}+\frac{3^4}{l^4}\right)+729\,C_2}
\end{aligned}\right\} \quad \ldots\ldots \quad (26)$$

$$\left.\begin{aligned}
\sigma_{xo} &= \frac{-96\cdot\pi_x\cdot l_1^2\cdot l^2}{\pi^4\cdot h^2}\Big[\bar{A}_{11}\cos\frac{\pi x}{l_1}\cdot\cos\frac{\pi y}{l}\left(\frac{1}{l_1^2}+\frac{1}{m\,l^2}\right)\\
&+\bar{A}_{12}\cos\frac{\pi x}{l_1}\cos\frac{3\pi y}{l}\left(\frac{1}{l_1^2}+\frac{9}{m\,l^2}\right)+\bar{A}_{21}\cdot\cos\frac{3\pi x}{l_1}\cdot\cos\frac{\pi y}{l}\left(\frac{9}{l_1^2}+\frac{1}{m\,l^2}\right)\\
&+\bar{A}_{22}\cdot\cos\frac{3\pi x}{l_1}\cos\frac{3\pi y}{l}\left(\frac{9}{l_1^2}+\frac{9}{m\,l^2}\right)\Big],\\
\sigma_{yo} &= \frac{-96\cdot\pi_x\cdot l_1^2\cdot l^2}{\pi^4\cdot h^2}\Big[\bar{A}_{11}\cos\frac{\pi x}{l_1}\cos\frac{\pi y}{l}\left(\frac{1}{l^2}+\frac{1}{m\,l_1^2}\right)\\
&+\bar{A}_{12}\cos\frac{\pi x}{l}\cos\frac{3\pi y}{l}\left(\frac{9}{l^2}+\frac{1}{m\,l_1^2}\right)+\bar{A}_{21}\cos\frac{3\pi\cdot x}{l_1}\cos\frac{\pi y}{l}\left(\frac{1}{l^2}+\frac{9}{m\,l_1^2}\right)\\
&+\bar{A}_{22}\cos\frac{3\pi x}{l_1}\cos\frac{3\pi y}{l}\left(\frac{9}{l^2}+\frac{9}{m\,l_1^2}\right)\Big].
\end{aligned}\right\} \quad (27)$$

In der Plattenmitte ergeben sich für $x = o$, $y = o$ die größten Oberflächenspannungen parallel zu den Koordinatenachsen zu

$$\left.\begin{aligned}
\sigma_{xo\,\max} &= -\frac{96\,\pi_x\cdot l_1^2\,l^2}{\pi^4\cdot h^2}\Big[\bar{A}_{11}\left(\frac{1}{l_1^2}+\frac{1}{m\,l^2}\right)+\bar{A}_{12}\left(\frac{1}{l_1^2}+\frac{9}{m\,l^2}\right)+\bar{A}_{21}\left(\frac{9}{l_1^2}+\frac{1}{m\,l^2}\right)\\
&\qquad+\bar{A}_{22}\left(\frac{9}{l_1^2}+\frac{9}{m\,l^2}\right)\Big],\\
\sigma_{yo\,\max} &= -\frac{96\,\pi_x\cdot l_1^2\,l^2}{\pi^4\cdot h^2}\Big[\bar{A}_{11}\left(\frac{1}{l^2}+\frac{1}{m\,l_1^2}\right)+\bar{A}_{12}\left(\frac{9}{l^2}+\frac{1}{m\,l_1^2}\right)+\bar{A}_{21}\left(\frac{1}{l_2}+\frac{9}{m\,l_1^2}\right)\\
&\qquad+\bar{A}_{22}\left(\frac{9}{l^2}+\frac{9}{m\,l_1^2}\right)\Big].
\end{aligned}\right\} \quad (28)$$

Wenn für die Berechnung der größten Spannungen eine bestimmte Anzahl von Gliedern ausreicht, so ist damit noch nicht bewiesen, daß die gleiche Anzahl von Gliedern für die Spannungen in anderen Oberflächenpunkten die gleiche Genauigkeit ergeben.

Zahlenbeispiel.

Eine quadratische, an ihren Rändern frei gelagerte Platte von je 2,00 m Stützweite und 0,10 m Stärke sei mit 20 000 kg/qm gleichförmig belastet. Die Poissonsche Zahl sei $m = 4$. Wie groß sind die größten Normalspannungen?

$$\frac{96 \cdot \pi_x \cdot l_1^2 l^2}{\pi^4 \cdot h^2} = \frac{96 \cdot 20000 \cdot 16}{97{,}4 \cdot 0{,}01} = 31520000$$

$C_1 = l_1^2 l^2 = \cdot 16;$ $\qquad C_2 = \frac{2}{m} = \frac{1}{2}$

$$\bar{A}_{11} = -\frac{1}{16 \cdot \frac{2}{16} + \frac{1}{2}} = -0{,}40; \qquad \bar{A}_{13} = \frac{-1}{5 \cdot \frac{16}{16}(1 + 225) + \frac{5}{2} \cdot 25} = -0{,}00084 = \bar{A}_{31};$$

$$\bar{A}_{12} = \frac{+1}{48 \cdot \frac{82}{16} + \frac{27}{2}} = +0{,}00385; \qquad \bar{A}_{23} = \frac{+1}{15 \cdot \frac{16}{16}(81 + 225) + \frac{15}{2} \cdot 75} = +0{,}000194 = \bar{A}_{32};$$

$$\bar{A}_{21} = \frac{+1}{48 \cdot \frac{82}{16} + \frac{27}{2}} = +0{,}00385; \qquad \bar{A}_{33} = \frac{-1}{25 \cdot \frac{16}{16}(225 + 225) + \frac{25}{2} \cdot 225} = -0{,}0000712.$$

$$\bar{A}_{22} = \frac{-1}{144 \cdot \frac{162}{16} + \frac{729}{2}} = -0{,}00055;$$

$$\sigma_{xo\,\max} = 31\,520\,000 \left[0{,}40 \cdot \left(\frac{1}{4} + \frac{1}{16}\right) - 0{,}00385\left(\frac{1}{4} + \frac{9}{16}\right) - 0.00385\left(\frac{9}{4} + \frac{1}{16}\right) + 0{,}00055\left(\frac{9}{4} + \frac{9}{16}\right)\right].$$

$$\sigma_{xo\,\max} = 3\,609\,700 \text{ kg/qm} = 361 \text{ kg/cm}^2$$

für ein, zwei, drei, vier Glieder ergibt sich

$\sigma_{xo\,\max} = 394, \quad 384{,}2 \quad 356{,}1 \quad 361$ km/cm².

Bei Verwendung weiterer Glieder erhält man $\sigma_{xo\,\max} = 356{,}2$; 358,5; 341,8; 345,9; 344,2 kg/cm². Ein Träger auf zwei Stützen hätte bei gleichen Verhältnissen eine größte Spannung σ_m

$$\sigma_m = \frac{20000 \cdot 2^2 \cdot 6}{8 \cdot 1 \cdot 0{,}01} = 6\,000\,000 \text{ kg/qm} = 600 \text{ kg/cm}^2.$$

5. Der beiderseits eingespannte Träger mit gleichförmig verteilter Belastung.

Das Analogon zu der an vier Seiten eingespannten Platte im Raum ist in der Ebene der beiderseits eingespannte gerade Träger. Um für die Darstellung der elastischen Fläche der ebenen Platte mittels einer trigonometrischen Reihe die Grundlage zu erhalten, soll auch hier zunächst die elastische Linie des beiderseits eingespannten geraden Trägers mit Hilfe einer trigonometrischen Reihe behandelt werden.

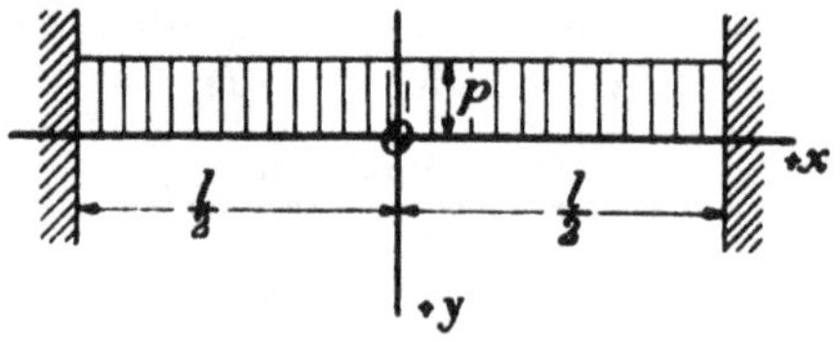

Fig. 7.

Der Koordinatenursprung soll in der Mitte des Trägers und die Trägerachse als Abszissenachse angenommen werden. Denkt man sich die Gleichung der elastischen Linie für die gleichförmig verteilte Last p gefunden

$$y = f(x),$$

so muß diese Gleichung einige Bedingungen erfüllen:

Für $x = \pm \frac{l}{2}$ muß $y = o$ sein wegen der unverschieblich festen Auflagerung. Wegen der festen Einspannung muß in denselben Punkten auch $\frac{dy}{dx} = o$ sein und wegen der Symmetrie muß auch für $x = o$ $\frac{dy}{dx} = o$ werden. Da $\frac{d^2y}{dx^2}$ den Biegungsmomenten proportional ist, so muß $\frac{d^2y}{dx^2} \neq o$ sein in den Punkten $x = o$ und $x = \pm \frac{l}{2}$.

Ferner muß $\frac{d^2y}{dx^2}$ für $x = \pm \frac{l}{2}$ denselben Wert annehmen, der im Vorzeichen verschieden ist von dem Wert für $x = 0$.

Diesen Bedingungen genügt die trigonometrische Reihe

$$y = \sum_{n=1}^{n=\infty} A_n \left(\cos \frac{2n\pi}{l} x + (-1)^{n+1} \right),$$

wie folgende Gleichungen bewiesen:

$$x = \pm \frac{l}{2}, \quad y = \sum_{n=1}^{n=\infty} A_n \left[(-1)^n + (-1)^{n+1} \right] = 0;$$

$$x = 0, \quad y \neq 0;$$

$$\frac{dy}{dx} = \sum_{n=1}^{n=\infty} A_n \cdot \frac{2n\pi}{l} \cdot \sin \frac{2n\pi}{l} x;$$

$$x = \pm \frac{l}{2}, \quad \frac{dy}{dx} = \sum_{n=1}^{n=\infty} - A_n \cdot \frac{2n\pi}{l} \sin n\pi = 0;$$

$$x = 0, \quad \frac{dy}{dx} = 0;$$

$$\frac{d^2y}{dx^2} = \sum_{n=1}^{n=\infty} - A_n \cdot \left(\frac{2n\pi}{l} \right)^2 \cos \frac{2n\pi}{l} \cdot x;$$

$$x = 0 \text{ oder } x = \pm \frac{l}{2}, \quad \frac{d^2y}{dx^2} \neq 0.$$

Da der Kosinus für negative und positive Winkel den gleichen Wert hat, ist auch $\frac{d^2 y}{d x^2}$ für $x = +\frac{l}{2}$ gleich dem für $x = -\frac{l}{2}$. Betrachtet man nur das erste Glied der Reihe also $n = 1$, dann haben auch die Werte von $\frac{d^2 y}{d x^2}$ für $x = \pm \frac{l}{2}$ und $x = o$ verschiedene Vorzeichen.

Die gewählte trigonometrische Reihe erfüllt also tatsächlich die Bedingungen, welche die Gleichung der elastischen Linie sicherlich auch erfüllen muß.

Da aber diese Reihe gerade an den Maximalmomentenpunkten bei Berücksichtigung nur einer beschränkten Anzahl von Gliedern keine befriedigenden Ergebnisse liefert, soll eine andere, besser konvergierende, wenn auch weniger einfache Reihe für die Entwicklung gewählt und dabei vom zweiten Differentialquotienten ausgegangen werden.

$$\frac{d^2 y}{d x^2} = \sum_{n=1}^{n=\infty} A_n \cdot \left(\cos \frac{2n-1}{l} 1 \pi x - \frac{1}{3} \cos \frac{4 n \pi}{l_1} x\right); \quad . \; . \quad (29)$$

$$\text{für } x = 0, \quad \frac{d^2 y}{d x^2} = \frac{2}{3} \sum_{n=1}^{n=\infty} A_n;$$

$$\text{für } x = \pm \frac{l}{2}, \quad \frac{d^2 y}{d x^2} = -\frac{4}{3} \sum_{n=1}^{n=\infty} A_n.$$

Die Reihe liefert also wie die Statik für die Auflager negative Biegungsmomente, die doppelt so groß sind als das in der Trägermitte.

$$\frac{d y}{d x} = \sum_{n=1}^{n=\infty} A_n \cdot \left[\int \cos \frac{2n-1}{l} 2 \pi x \, d x - \frac{1}{3} \int \cos \frac{4 n \pi}{l_1} x \, d x\right]$$

$$= \sum_{n=1}^{n=\infty} A_n \cdot \left[\frac{l}{(2n-1) 2 \pi} \sin \frac{2n-1}{l} 2 \pi x - \frac{1}{3} \cdot \frac{l}{4 n \pi} \cdot \sin \frac{4 n \pi x}{l} + C_{n1}\right]$$

$$\text{für } x = 0, \quad \frac{d y}{d x} = 0, \quad C_{n1} = 0;$$

$$y = \sum_{n=1}^{n=\infty} A_n \cdot \left[\frac{l}{(2n-1) 2 \pi} \int \sin \frac{2n-1}{l} 2 \pi \cdot x - \frac{1}{3} \cdot \frac{l}{4 n \pi} \int \sin \frac{4 n \pi x}{l} d x\right]$$

$$= \sum_{n=1}^{n=\infty} A_n \cdot \left[-\left(\frac{l}{(2n-1) 2 \pi}\right)^2 \cos \frac{2n-1}{l} 2 \pi x + \frac{1}{3} \cdot \left(\frac{l}{4 \cdot n \pi}\right)^2 \cos \frac{4 n \cdot \pi}{l} x + C_{n_2}\right].$$

$$\text{Für } x = \frac{l}{2}, \quad y = 0, \quad + \left(\frac{l}{(2n-1) 2 \pi}\right)^2 + \frac{1}{3} \cdot \left(\frac{l}{4 \cdot n \pi}\right)^2 + C_{n_2} = 0$$

$$C_{n2} = -\left(\frac{l}{2\pi}\right)^2 \left[\left(\frac{1}{2n-1}\right)^2 + \frac{1}{3}\left(\frac{1}{2n}\right)^2\right] = -\left(\frac{l}{2\pi}\right)^2 \cdot C_n.$$

Die Reihe der elastischen Linie ist somit

$$y = \sum_{n=1}^{n=\infty} \left(\frac{l}{2\pi}\right)^2 \left[-\left(\frac{1}{2n-1}\right)^2 \cos \frac{2n-1}{l} 2 \pi x + \frac{1}{3}\left(\frac{1}{2n}\right)^2 \cdot \cos \frac{4 n \pi x}{l} - C_n\right] \cdot A_n \quad (30)$$

Die innere Arbeit $\mathfrak{A}$ des Trägers ist, wenn $\mathfrak{M}$ die Biegungsmomente, ε den Elastizitätsmodul und Θ das konstante Trägheitsmoment bezeichnen,

$$\mathfrak{A} = 2 \cdot \int_0^{\frac{l}{2}} \frac{\mathfrak{M}^2}{2 \cdot \varepsilon \cdot \Theta} d x = \int_0^{\frac{l}{2}} \varepsilon \Theta \cdot \left(\frac{d^2 y}{d x^2}\right)^2 d x.$$

$$\mathfrak{A} = \varepsilon \cdot \Theta \cdot \int\limits_0^{\frac{l}{2}} \left[\sum_{n=1}^{n=\infty} A_n \left(\cos \frac{2n-1}{l} 2\pi x - \frac{1}{3} \cos \left(\frac{4n\pi x}{l} \right) \right] ^2 dx \quad . \quad (31)$$

Wenn man die Glieder der Summe einzeln integriert, sind folgende Integrale zu bilden.

Das Integral der quadratischen Glieder der Summe ist

$$\int\limits_0^{\frac{l}{2}} A_n^2 \left(\cos^2 \frac{2n-1}{l} 2\pi x + \frac{1}{9} \cos^2 \frac{2n\pi}{l} x \right) dx,$$

$$\int\limits_0^{\frac{l}{2}} \cos^2 \frac{2n-1}{l} 2\pi x \, dx = \frac{l}{4}; \qquad \int\limits_0^{\frac{l}{2}} \frac{1}{9} \cos^2 \frac{4n\pi x}{l} dx = \frac{l}{36}.$$

Die Doppelglieder der Summe enthalten das Integral

$$\frac{2}{3} \int\limits_0^{\frac{l}{2}} \cos \frac{2n-1}{l} 2\pi x \cdot \cos \frac{4n\pi}{l} x \, dx = 0$$

und werden deshalb Null.

$$\mathfrak{A} = \varepsilon \cdot \Theta \sum_{n=1}^{n=\infty} A_n^2 \left(\frac{l}{4} + \frac{l}{36} \right) = \varepsilon \Theta \cdot \frac{10}{36} l \sum_{n=1}^{n=\infty} A_n^2.$$

Die Arbeit $\mathfrak{T}$ der äußeren Kräfte beschränkt sich auf die Arbeit der Last, da starre Auflager vorausgesetzt worden sind.

$$\mathfrak{T} = 2 \int\limits_0^{\frac{l}{2}} \frac{py}{2} dx = p \int\limits_0^{\frac{l}{2}} \left(\frac{l}{2\pi} \right)^2 \cdot \sum_{n=1}^{n=\infty} A_n \left[- \frac{1}{(2n-1)^2} \cos \frac{2n-1}{l} 2\pi x + \frac{1}{3} \frac{1}{(2n)^2} \right.$$

$$\left. \cdot \cos \frac{4n\pi}{l} x - C_n \right] dx$$

$$\mathfrak{T} = p \left(\frac{l}{2\pi} \right)^2 \cdot \sum_{n=1}^{n=\infty} A_n \left[- \frac{1}{(2n-1)^2} \int\limits_0^{\frac{l}{2}} \cos \frac{2n-1}{l} 2\pi x \, dx \right.$$

$$\left. + \frac{1}{3} \cdot \frac{1}{(2n)^2} \int\limits_0^{\frac{l}{2}} \cos \frac{4n\pi x}{l} dx - \int\limits_0^{\frac{l}{2}} C_n \cdot dx \right].$$

Da die beiden ersten Integrale dieses Ausdruckes Null sind, ist

$$\mathfrak{T} = p \cdot \left(\frac{l}{2\pi} \right)^2 \cdot \sum_{n=1}^{n=\infty} - A_n \cdot C_n \cdot \frac{l}{2} \quad . \quad . \quad . \quad . \quad . \quad . \quad . \quad (32)$$

Die Arbeit der äußeren Kräfte ist gleich der negativen Arbeit der inneren Kräfte.

$$\mathfrak{A} = - \mathfrak{T} = \varepsilon \cdot \Theta \cdot \frac{10}{36} l \sum_{n=1}^{n=\infty} A_n^2 = p \cdot \left(\frac{l}{2\pi} \right)^2 \frac{l}{2} \sum_{n=1}^{n=\infty} A_n \cdot C_n \quad . \quad . \quad (33)$$

$$\frac{p \cdot l^2 \cdot 9}{20 \cdot \pi^2 \cdot \varepsilon \Theta} = - \frac{\sum\limits_{n=1}^{n=\infty} A_n^2}{\sum\limits_{n=1}^{n=\infty} A_n \cdot C_n} = \frac{Z}{N} = - B \quad . \quad . \quad . \quad . \quad . \quad (34)$$

Die unbekannten Beiwerte A_n sind nun so zu bestimmen, daß die Belastung p, welche die Einbiegung y bewirkt, zu einem Kleinstwert wird.

$$\frac{\partial p}{\partial A_n} = 0 = 2\,A_n \cdot N - C_n' \cdot Z = 0.$$

$$A_n = \frac{1}{2} C_n \cdot B \cdot \lambda = -\frac{1}{2} \cdot \frac{p \cdot l^2 \cdot 9 \cdot \lambda}{20 \cdot \pi^2 \cdot \varepsilon\,\Theta} \cdot \left(\frac{1}{(2n-1)^2} + \frac{1}{3} \cdot \frac{1}{(2n)^2}\right). \quad (35)$$

Wobei λ ein zunächst noch unbestimmter Faktor ist. Denn die Unbekannte A_n wurde aus einer homogenen Gleichung entwickelt, welche nicht nur von A_n sondern auch von $\lambda \cdot A_n$ befriedigt wird.

Der Faktor λ ist nur von dem Bau (Grad) der Gleichung 33) abhängig und kann dadurch bestimmt werden, daß man den für A_n in Gleichung 35) gefundenen Wert in Gleichung 33) einsetzt. Daraus ergibt sich

$$\lambda = 2.$$

$$\left.\begin{aligned} A_n &= \frac{p \cdot l^2 \cdot 9}{20 \cdot \pi^2 \cdot 2\,\Theta}\left(\frac{1}{(2n-1)^2} + \frac{1}{3} \cdot \frac{1}{(2n)^2}\right) = B \cdot \overline{A}_n, \\ \overline{A}_n &= \frac{1}{(2n-1)^1} + \frac{1}{3} \cdot \frac{1}{(2n)^2}; \qquad B = \frac{p\,l^2 \cdot 9}{20 \cdot \pi^2 \cdot \varepsilon \cdot \Theta}. \end{aligned}\right| \quad . \; . \; (36)$$

Die elastische Linie des eingespannten Trägers mit gleichförmig verteilter Belastung kann somit durch die trigonometrische Reihe dargestellt werden

$$y = -\frac{p \cdot l^4 \cdot 9}{80 \cdot \pi^4 \cdot \varepsilon \cdot \Theta} \sum_{n=1}^{n=\infty} \left(\frac{1}{(2n-1)^2} + \frac{1}{3} \cdot \frac{1}{(2n)^2}\right)\left(-\frac{1}{(2n-1)^2}\right) \cdot \cos\frac{2n-1}{l}\,2\pi x$$
$$+ \frac{1}{3}\,\frac{1}{(2n)^2} \cos\frac{4n\pi x}{l} - C_n\Big) A_n \quad . \; . \; . \; . \; . \; . \; . \; (37)$$

Da mit Hilfe der trigonometrischen Reihe später Biegungsmomente gerechnet werden sollen, wäre zunächst noch zu prüfen, ob die vorgeschlagene Reihe zu den aus der Statik bekannten Werten der Biegungsmomente führt.

$$\mathfrak{M} = -\varepsilon\,\Theta \cdot \frac{d^2 y}{d x^2} = -\varepsilon\,\Theta \cdot \sum_{n=1}^{n=\infty} A_n \left(\cos\frac{2n-1}{l}\,2\pi x - \frac{1}{3}\cos\frac{4n\pi x}{l}\right)$$

Für die Trägermitte ist $x = o$ und $\mathfrak{M} = \mathfrak{M}_m$,

$$\mathfrak{M}_m = -\varepsilon \cdot \Theta\, \Sigma A_n \left(1 - \frac{1}{3}\right) = -\varepsilon\,\Theta \frac{2}{3} B \sum_{n=1}^{n=\infty} \overline{A}_n$$

$$\mathfrak{M}_m = \frac{p\,l^2 \cdot 3}{10 \cdot \pi^2}\left(\sum_{n=1}^{n=\infty} \frac{1}{(2n-1)^2} + \sum_{n=1}^{n=\infty} \frac{1}{3} \cdot \frac{1}{(2n)^2}\right);$$

$$\sum_{n=1}^{n=\infty} \frac{1}{(2n-1)^2} = 1 + \frac{1}{9} + \frac{1}{25} + \frac{1}{49} + \ldots\ldots = \frac{\pi^2}{8}$$

$$\sum_{n=1}^{n=\infty} \frac{1}{(2n)^2} = \frac{1}{4} + \frac{1}{16} + \frac{1}{36} + \frac{1}{64} + \ldots\ldots = \frac{\pi^2}{24}$$

$$\sum_{n=1}^{n=\infty} \frac{1}{(2n-1)^2} + \frac{1}{3} \cdot \sum_{n=1}^{n=\infty} \frac{1}{(2n)^2} = \pi^2 \cdot \frac{10}{72}$$

$$\mathfrak{M}_m = \frac{p\,l^2 \cdot 3}{10 \cdot \pi^2} \cdot \pi^2 \cdot \frac{10}{72} = \frac{p\,l^2}{24}.$$

Die trigonometrische Reihe liefert also den Momentenwert, $\mathfrak{M}_m$, der nach der Statik zu erwarten war. Bildet man

$$-\frac{d^2 y}{d x^2} \cdot \varepsilon \cdot \Theta \text{ für } x = \frac{l}{2}, \text{ so erhält man das Einspannungsmoment } \mathfrak{M}_o$$

$$\mathfrak{M}_o = -\frac{d^2 y}{d x^2} \cdot \varepsilon \cdot \Theta = \varepsilon\, \Theta \cdot \frac{4}{3} \cdot B \cdot \sum_{n=1}^{n=\infty} \bar{A}_n = \frac{p\, l^2 \cdot 6}{10 \cdot \pi^2} \left(\sum_{n=1}^{n=\infty} \frac{1}{(2n-1)^2} + \frac{1}{3} \sum_{n=1}^{n=\infty} \frac{1}{(2n)^2} \right)$$

$$\mathfrak{M}_o = -\frac{d^2 y}{d x^2} \cdot \varepsilon\, \Theta = -\frac{p\, l^2}{12}.$$

Die für die elastische Linie gesetzte trigonometrische Reihe liefert also die aus der Statik bekannten Momentenwerte, womit der Beweis erbracht ist, daß die elastische Linie für die Berechnung der größten Momente durch eine trigonometrische Reihe ersetzt werden kann und die Bestimmung der Beiwerte A_n richtig durchgeführt ist.

Es wäre jetzt noch zu prüfen, ob die Kurve der zweiten Ableitung der trigonometrischen Reihe bei Berücksichtigung einer beschränkten Anzahl von Gliedern mit der Momentenlinie der Statik hinreichend übereinstimmt.

Zahlenbeispiel.

Ein beiderseits eingespannter Träger von konstantem Trägheitsmoment und 10,00 m Stützweite ist mit $p = 2190$ kg/m gleichförmig belastet. Es sollen einige Momente nach der trigonometrischen Reihe mit vier Gliedern berechnet und mit den Momenten der Statik verglichen werden.

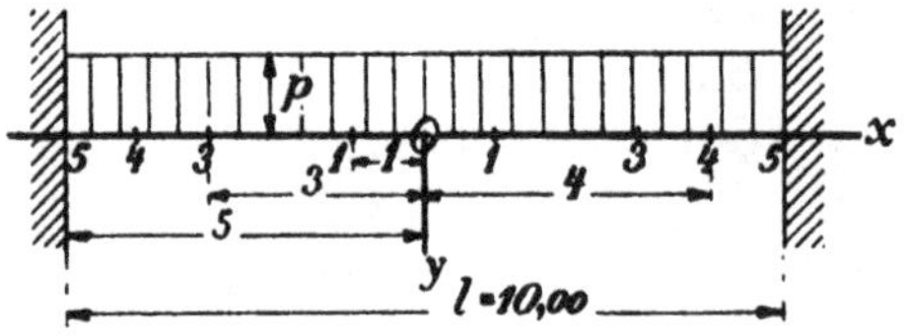

Fig. 8.

$$\bar{A}_1 = 1 + \frac{1}{3} \cdot \frac{1}{4} = 1{,}0830$$

$$\bar{A}_2 = \frac{1}{9} + \frac{1}{3} \cdot \frac{1}{16} = 0{,}1320$$

$$\bar{A}_3 = \frac{1}{25} + \frac{1}{3} \cdot \frac{1}{36} = 0{,}0493$$

$$\bar{A}_4 = \frac{1}{49} + \frac{1}{3} \cdot \frac{1}{64} = 0{,}0256$$

$$\sum_1^4 \bar{A}_n = 1{,}2899.$$

$$B \cdot \varepsilon \cdot \Theta = \frac{2190 \cdot 100 \cdot 9}{20 \cdot \pi^2} = 10000.$$

$\alpha =$	$\frac{2\pi}{l}$	$\frac{4\pi}{l}$	$\frac{6\pi}{l}$	$\frac{8\pi}{l}$	$\frac{10\pi}{l}$	$\frac{12\pi}{l}$	$\frac{14\pi}{l}$	$\frac{16\pi}{l}$	$\frac{18\pi}{l}$	$\frac{20\pi}{l}$
$\alpha =$	36°	72°	108°	144°	180°	216°	252°	288	324°	360°
$\cos\alpha =$	0,809	0,309	−0,309	−0,809	−1	−0,809	−0,309	+0,309	+0,809	+1

Mittelmoment $\mathfrak{M}_o$ des Trägers ist nach Gleichung 29)

$$\mathfrak{M}_o = \frac{2}{3} \cdot 10000 \cdot 1{,}2899 = 8620 \text{ mkg.}$$

Nach der Statistik $\mathfrak{M}_o = \frac{p l^2}{24} = \frac{2190 \cdot 100}{24} = 9125$ mkg.

Die Annäherung ist somit bei vier Reihengliedern auf 5,5% erreicht.

Ein, zwei, drei, vier Glieder ergeben

$\mathfrak{M}_o = 7220, \quad 8100, \quad 8400, \quad 8620 \text{ mkg}.$

Das Moment für $x = 1$ ist $\mathfrak{M}_1$.

Ein Glied der Reihe liefert

$$\mathfrak{M}_1 = 10000 \cdot 1{,}083 \left(0{,}809 - \frac{0{,}309}{3}\right) = 7650 \text{ mkg},$$

zwei Glieder

$$\mathfrak{M}_1 = 10\,000 \left[0{,}7650 + 0{,}132 \left(- 0{,}309 + \frac{0{,}809}{3}\right)\right] = 7582 \text{ mkg},$$

drei Glieder

$$\mathfrak{M}_1 = 10\,000 \left[0{,}7582 + 0{,}0493 \left(- 1 + \frac{0{,}809}{3}\right)\right] = 7222 \text{ mkg},$$

vier Glieder

$$\mathfrak{M}_1 = 10000 \left[0{,}7222 + 0{,}0256 \left(- 0{,}309 - \frac{0{,}309}{3}\right)\right] = 7117 \text{ mkg}.$$

Nach der Statik ist $\mathfrak{M}_1 = 9\,125 - \frac{2190}{2} = 8030$ mkg.

Das Moment für $x = 3$ ist $\mathfrak{M}_3$.

Ein Glied der Reihe liefert

$$\mathfrak{M}_3 = 10\,000 \cdot 1{,}083 \left(- 0{,}309 + \frac{0{,}809}{3}\right) = - 422 \text{ mkg},$$

zwei Glieder

$$\mathfrak{M}_3 = 10\,000 \left[- 0{,}0422 + 0{,}132 \left(0{,}809 - \frac{0{,}309}{3}\right)\right] = + 496 \text{ mkg},$$

drei Glieder

$$\mathfrak{M}_3 = 10\,000 \left[0{,}0496 + 0{,}0493 \left(- 1 - \frac{0{,}309}{3}\right)\right] = + 54 \text{ mkg},$$

vier Glieder

$$\mathfrak{M}_3 = 1000 \left[0{,}0054 + 0{,}0256 \left(0{,}809 + \frac{0{,}809}{3}\right)\right] = + 330 \text{ mkg}.$$

Nach der Statik ist

$$\mathfrak{M}_3 = 9125 - \frac{3^2 \cdot 2190}{2} = - 730 \text{ mkg}.$$

Das Moment für $x = 4$ ist $\mathfrak{M}_4$.

Ein Glied der Reihe liefert

$$\mathfrak{M}_4 = 10000 \cdot 1{,}083 \left(- 0{,}809 - \frac{0{,}309}{3}\right) = - 9870 \text{ mkg},$$

zwei Glieder

$$\mathfrak{M}_4 = 10000 \left[- 0{,}987 + 0{,}132 \left(0{,}309 + \frac{0{,}809}{3}\right)\right] = - 9105 \text{ mkg},$$

drei Glieder

$$\mathfrak{M}_4 = 10000 \left[- 0{,}9105 + 0{,}0493 \left(1 + \frac{0{,}809}{3}\right)\right] = - 8478 \text{ mkg},$$

vier Glieder

$$\mathfrak{M}_4 = 10000 \left[- 0{,}8478 + 0{,}0256 \left(0{,}309 - \frac{0{,}309}{3}\right)\right. = - 8425 \text{ mkg}.$$

Nach der Statik ist

$$\mathfrak{M}_4 = 9125 - \frac{4^2 \cdot 2190}{3} = -8395 \text{ mkg.}$$

Am Auflager ist $x = \frac{l}{2} = 5$ und das Biegungsmoment $\mathfrak{M}_5$.

Ein, zwei, drei, vier Glieder der Reihe ergeben
$\mathfrak{M}_5 = 14\,440,\ 16\,210,\ 16\,900,\ 17\,240$ mkg.

Die Statik ergibt $\mathfrak{M}_5 = \frac{pl^2}{12} = \frac{2190 \cdot 100}{12} = 18\,250$ mkg.

Bei Berücksichtigung von vier Reihengliedern erhält man also eine Annäherung auf 5,5%.

Wie diese Vergleichrechnung zeigt und auch aus der graphischen Zusammenstellung dieser Rechnungsergebnisse in der Fig. 9 zu ersehen ist, liefert die Reihe mit einer beschränkten Anzahl von Gliedern in der Nähe der Maximalmomentenpunkten eine sehr gute Übereinstimmung mit der Momentenparabel, dagegen an Zwischenpunkte insbesondere in der Nähe der Momentennullpunkte teils unbrauchbare Werte, teils nur eine grobe Annäherung. Daraus ist zu schließen, daß man die Reihe nur für die Berechnung von Maximalmomenten verwenden darf.

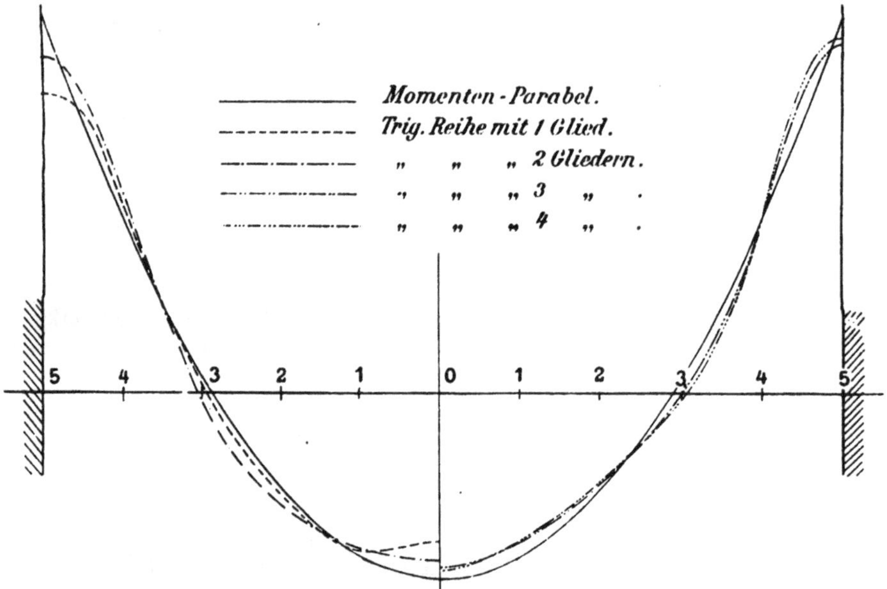

Fig. 9.

Will man eine Reihe haben, die in der Nähe der Momentennullpunkte mit der Momentenparabel eine gute Übereinstimmung liefert, so muß man als weitere Bedingung aufstellen, daß die Reihenglieder in diesen Nullpunkten Null werden

Da es sich hier aber darum handelte, eine Reihe zu finden, die man im Raum für die Berechnung der größten Oberflächenspannungen einer ebenen, rechteckigen Platte verwenden kann, kann die vorgeschlagene Reihe sehr gut verwendet werden.

6. Die an vier Seiten eingespannte, rechteckige Platte mit gleichförmig verteilter Belastung.

Die in der Fig. 10 dargestellte ebene Platte von der Dicke h sei längs der Geraden AB, BC, CD und DA vollkommen eingespannt. Die Platte sei gewichtslos und innerhalb des Rechteckes $A\,B\,C\,D$ mit π_z kg/qm gleichmäßig verteilt belastet.

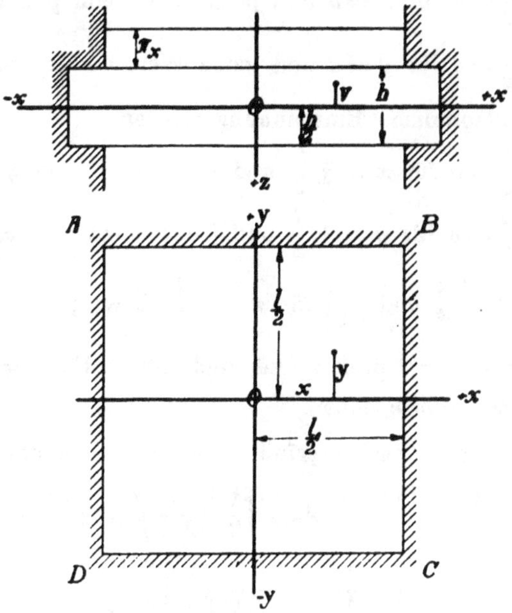

Fig. 10.

Zur Berechnung der Platte wird ein Koordinatensystem in die Platte gelegt, wie aus der Fig. 10 ersichtlich ist.

Betrachtet man in einem Punkte mit den Koordinaten x, y, v die Normalspannungen in den Richtungen x und y σ_x und σ_y, so gelten auch hier wieder die Gleichungen

$$\left.\begin{aligned} \sigma_x &= \varepsilon \cdot \frac{m^2}{m^2-1} \cdot v \left(\frac{\partial^2 z}{\partial x^2} + \frac{1}{m} \cdot \frac{\partial^2 z}{\partial y^2}\right) \\ \sigma_y &= \varepsilon \cdot \frac{m^2}{m^2-1} \cdot v \left(\frac{\partial^2 z}{\partial y^2} + \frac{1}{m} \cdot \frac{\partial^2 z}{\partial x^2}\right) \end{aligned}\right\} \quad \ldots \ldots \quad (1)$$

Hierbei bedeutet wieder ε den Elastizitätsmodul, m die Poissonsche Zahl und z die vertikale Koordinate eines Punktes (x, y) der elastischen Fläche der Platte. Es wären also die Spannungen in jedem Plattenpunkte bekannt, wenn

$$z = f\,(x, y)$$

gegeben wäre.

Da diese Funktion aber unbekannt ist, so ersetzen wir sie durch eine trigonometrische Reihe.

Die Funktion und also auch die trigonometrische Reihe müssen aber folgenden Bedingungen genügen.

Wegen der unnachgiebigen Auflager muß sein

$$z = o \text{ für } x = \pm \frac{l_1}{2} \text{ und jeden Wert von } y \text{ sowie}$$

$$\text{für } y = \pm \frac{l}{2} \text{ und jeden Wert von } x.$$

Infolge der Symmetrie müssen

$$\frac{\partial z}{\partial x} = o \text{ für } x = o \text{ und jeden Wert von } y \text{ und}$$

$$\frac{\partial z}{\partial y} = o \text{ für } y = o \text{ und jeden Wert von } x \text{ sein.}$$

Durch die vollkommene Einspannung werden

$$\frac{\partial z}{\partial y} = o \text{ für } x = \pm \frac{l_1}{2} \text{ und jeden Wert von } y,$$

$$\frac{\partial z}{\partial y} = o \text{ für } y = \pm \frac{l}{2} \text{ und jeden Wert von } x.$$

Ferner müssen $\frac{\partial^2 z}{\partial x^2}$ und $\frac{\partial^2 z}{\partial y^2}$ für $x = \pm \frac{l_1}{2}$ bzw. $y = \pm \frac{l}{2}$ negativ werden, wenn sie für $x = 0$, $y = 0$ positiv sind, und müssen für $x = \pm \frac{l_1}{2}$ bzw. $y = \pm \frac{l}{2}$ je zweimal dieselben Werte haben.

Diese Bedingungen werden erfüllt von der trigonometrischen Reihe

$$z = \left(\frac{l_1}{2\pi}\right)^2 \left(\frac{l}{2\pi}\right)^2 \sum_{n'=1}^{n'=\infty} \sum_{m'=1}^{m'=\infty} A_{m'n'} \left[\frac{1}{3} \cdot \left(\frac{1}{2m'}\right)^2 \cdot \cos \frac{4m'\pi}{l_1} x - \frac{1}{(2m'-1)^2} \right.$$
$$\left. \cdot \cos \frac{2m'-1}{l_1} 2\pi x - \frac{1}{(2m'-1)^2} - \frac{1}{3} \frac{1}{(2m')^2}\right] \cdot \left[\frac{1}{3} \cdot \frac{1}{(2n')^2} \cos \frac{4n'\pi}{l} y - \frac{1}{(2n'-1)^2} \right.$$
$$\left. \cdot \cos \frac{2n'-1}{l} 2\pi y - \frac{1}{(2n'-1)^2} - \frac{1}{3} \cdot \frac{1}{(2n')^2}\right], \quad . \quad . \quad . \quad . \quad (38)$$

die in ihrem Bau der des eingespannten geraden Trägers entspricht.

Für $x = \pm \frac{l_1}{2}$ und für $y = \pm \frac{l}{2}$ werden die Klammerausdrücke Null, so daß auch entsprechend der starren Auflagerung an den Einspannungsgeraden die Einbiegung $z = o$ wird. Dagegen gibt die Reihe für $x = o$, $y = o$ einen von Null verschiedenen Wert.

$$\frac{\partial z}{\partial x} = \left(\frac{l_1}{2\pi}\right) \left(\frac{l}{2\pi}\right)^2 \cdot \sum_{m'=1}^{m'=\infty} \sum_{n'=1}^{n'=\infty} A_{m'n'} \left(-\frac{1}{3} \cdot \frac{1}{2m'} \sin \frac{4m'\pi}{l_1} x \right.$$
$$\left. + \frac{1}{2m'-1} \sin \frac{2m'-1}{l_1} 2\pi x\right) \cdot \left(\frac{1}{3} \cdot \frac{1}{(2n')^2} \cdot \cos \frac{4n'\pi y}{l} \right.$$
$$\left. - \frac{1}{(2n'-1)^2} \cos \frac{2n'-1}{l} 2\pi y - \frac{1}{(2n'-1)^2} - \frac{1}{3} \cdot \frac{1}{(2n')^2}\right).$$

Wie oben gefordert wurde, wird für $x = 0$, $x = \pm \frac{l_1}{2}$ sowie $y = \pm \frac{l}{2}$ $\frac{\partial z}{\partial x} = 0$,

$$\frac{\partial^2 z}{\partial x^2} = \left(\frac{l}{2\pi}\right)^2 \cdot \sum_{m'=1}^{m'=\infty} \sum_{n'=1}^{n'=\infty} A_{m'n'} \left(-\frac{1}{3} \cos \frac{4m'\pi}{l_1} x + \cos \frac{2m'-1}{l_1} 2\pi x\right)$$
$$\cdot \left(\frac{1}{3} \frac{1}{(2n')^2} \cos \frac{4n'\pi}{l} y - \frac{1}{(2n'-1)^2} \cos \frac{2n'-1}{l} 2\pi y - C_{n'} = \left(\frac{l}{2\pi}\right)^2 \cdot \sum_{m'=1}^{m'=\infty} \sum_{n'=1}^{n'=\infty} (I). \right. \quad (39)$$

Hierbei ist $C_{n'} = \frac{1}{(2n'-1)^2} + \frac{1}{3} \cdot \frac{1}{(2n')^2}$ und *(I)* eine Abkürzung. Der Ausdruck für $\frac{\partial^2 z}{\partial x^2}$ nimmt für $x = +\frac{l_1}{2}$ und $-\frac{l_1}{2}$ bei gleichem y denselben Wert an und hat für $x = \pm\frac{l_1}{2}$ den doppelten negativen Wert, den er bei $x = o$ annimmt.

$$\frac{\partial z}{\partial y} = \left(\frac{l_1}{2\pi}\right)^2 \cdot \left(\frac{l}{2\pi}\right) \cdot \sum_{m'=1}^{m'=\infty} \sum_{n'=1}^{n'=\infty} A_{m'n'} \left(\frac{1}{3} \cdot \frac{1}{(2m')^2} \cos \frac{4m'\pi x}{l_1} - \frac{1}{(2m'-1)^2}\right.$$
$$\left. \cdot \cos \frac{2m'-1}{l_1} 2\pi x - \frac{1}{(2m'-1)^2} - \frac{1}{3} \cdot \frac{1}{(2m')^2}\right) \left(-\frac{1}{3} \cdot \frac{1}{2n'} \cdot \sin \frac{4n'\pi}{l} y\right.$$
$$\left. + \frac{1}{2n'-1} \cdot \sin \frac{2n'-1}{l} 2\pi y\right).$$

Für $y = 0$ und $y = \pm\frac{l}{2}$ ist $\frac{\partial z}{\partial y} = 0$.

$$\frac{\partial^2 z}{\partial y^2} = \left(\frac{l_1}{2\pi}\right)^2 \cdot \sum_{n'=1}^{m'=\infty} \sum_{n'=1}^{n'=\infty} A_{m'n'} \left(\frac{1}{3} \cdot \left(\frac{1}{2m'}\right)^2 \cdot \cos \frac{4m'\pi x}{l_1} - \frac{1}{(2m'-1)^2}\right.$$
$$\left. \cdot \cos \frac{2m'-1}{l_1} 2\pi x - C_{m'}\right) \left(-\frac{1}{3} \cos \frac{4n'\pi y}{l} + \cos \frac{2n'-1}{l} 2\pi y\right)$$
$$= \left(\frac{l_1}{2\pi}\right)^2 \cdot \sum_{m'=1}^{m'=\infty} \sum_{n'=1}^{n'=\infty} (II) \quad \ldots\ldots\ldots \quad (40)$$

In diesem Ausdruck bezeichnet $C_{m'} = \frac{1}{(2m'-1)^2} + \frac{1}{3} \cdot \frac{1}{(2m')^2}$ und *(II)* eine Abkürzung.

Nunmehr kann nach Gleichung 9) die elastische Energie $\mathfrak{A}$ der Platte berechnet werden

$$\mathfrak{A} = \frac{4a^2 \cdot h^3}{2 \cdot \varepsilon \cdot 12} \int_0^{\frac{l_1}{2}} \int_0^{\frac{l}{2}} \left[\left(\frac{\partial^2 z}{d x^2}\right)^2 + \left(\frac{\partial^2 z}{\partial y^2}\right)^2 \left(1 - \frac{1}{m^2}\right) + \frac{2}{m}\left(1 - \frac{1}{m^2}\right) \cdot \frac{d^2 z}{d x^2} \cdot \frac{\partial^2 z}{d y^2}\right] dx . dy \quad (9)$$

Die Integration ist nun gliedweise durchzuführen.

$$\int_0^{\frac{l_1}{2}} \int_0^{\frac{l}{2}} \left(\frac{\partial^2 z}{\partial x^2}\right)^2 \cdot dx \cdot dy = \left(\frac{l}{2\pi}\right)^4 \int_0^{\frac{l_1}{2}} \int_0^{\frac{l}{2}} \left[\sum_{m'=1}^{m'=\infty} \sum_{n'=1}^{n'=\infty} (I)\right]^2 dx\, dy \quad \ldots \quad (41)$$

Die quadratischen Glieder dieser Summe sollen zuerst behandelt werden, wobei folgende beiden Integrale zu bilden sind.

$$A^2_{m'n'} \int_0^{\frac{l_1}{2}} \left(\frac{1}{9} \frac{1}{(2n')^4} \cos^2 \frac{4n'\pi}{l} y + \frac{1}{(2n'-1)^4} \cos^2 \frac{2n'-1}{l} 2\pi y + C^2_{n'}\right) dy$$
$$= \left(\frac{1}{9} \frac{1}{(2n')^4} \cdot \frac{l}{4} + \frac{1}{(2n'-1)^4} \cdot \frac{l}{4} + C^2_{n'} \cdot \frac{l}{2}\right) A^2_{m'n'},$$

$$\int_0^{\frac{l_1}{2}} \left(\frac{1}{9} \cdot \cos^2 \frac{4m'\pi}{l_1} x + \cos^2 \frac{2m'-1}{l_1} 2\pi x\right) dx = \frac{l_1}{36} + \frac{l_1}{4} = \frac{10}{36} l_1.$$

In diesen beiden Integralen sind die Glieder, welche Integrale von der Form

$$\int\limits_0^{\frac{l}{2}} \cos\frac{4n'\pi}{l}y\cdot\cos\frac{2n'-1}{l}2\pi\,y\,dy \text{ und } \int\limits_0^{l} \cos\frac{4n'\pi}{l}y\cdot dy$$

enthalten, weggelassen worden, weil diese Integrale Null sind. Die quadratischen Glieder bilden somit die Summe

$$\sum_{m'=1}^{m'=\infty}\sum_{n'=1}^{n'=\infty} A^2_{m'n'}\cdot\frac{10}{36}\frac{l_1 l}{4}\left(\frac{1}{9}\cdot\frac{1}{(2n')^4}+\frac{1}{(2n'-1)^4}+2C^2_{n'}\right)\quad .\quad .\quad (42)$$

Die Doppelglieder der Quadratsumme 41) haben die unbekannten Beiwerte $A_{m',n'}\cdot A_{m'+r,n'+s}$. Solange r und s beide verschieden von Null sind, werden die Doppelglieder Null, da ihre Teilglieder Integrale von der Form

$$\int\limits_0^{\frac{l_1}{2}} \cos^2\frac{2k\pi}{l_1}x\,dx$$

oder

$$\int\limits_0^{\frac{l_1}{2}} \cos\frac{m'\pi x}{l_1}\cos\frac{k\pi x}{l_1}dx$$

enthalten, wobei m' und k ganze Zahlen bedeuten. Diese Integralwerte sind aber Null.

Diejenigen Doppelglieder dagegen, in welchen $r=o$ und $s\neq o$ ist, sind verschieden von Null.

Läßt man hierbei wieder diejenigen Teile weg, welche infolge der mehrfach erwähnten Integrale Null werden, so sind noch folgende Integrale zu bilden.

$$A_{m'n'}\cdot A_{m',n'+s}\int\limits_0^{\frac{l_1}{2}}\left(\frac{1}{9}\cos^2\frac{4m'\pi}{l_1}x+\cos^2\frac{2m'-1}{l}2\pi x\right)dx = A_{m'n'}\cdot A_{m',n'+s}\cdot\frac{10l_1}{36},$$

$$\int\limits_0^{\frac{l}{2}} C_{n'}\cdot C_{n'+s}\cdot dy = C_{n'}\cdot C_{n'+s}\cdot\frac{l}{2}.$$

Die Doppelglieder der Quadratsumme bilden somit die Summe

$$\sum_{m'=1}^{m'=\infty}\sum_{n'=1}^{n'=\infty}\sum_{s=-n'+1}^{s=\infty} A_{m'n'}\cdot A_{m',n'+s}\cdot\frac{10\,l\,l_1}{72}\cdot C_{n'}\cdot C_{n'+s}.$$

$$\int\limits_0^{\frac{l_1}{2}}\int\limits_0^{\frac{l}{2}}\left(\frac{\partial^2 z}{\partial x^2}\right)^2\cdot dx\cdot dy=\left(\frac{l}{2\pi}\right)^4\cdot\frac{10\,l\,l_1}{72}\cdot\left[\sum_{m'=1}^{m'=\infty}\sum_{n'=1}^{n'=\infty}A^2_{m'n'}\cdot\frac{1}{2}\left(\frac{1}{9}\cdot\frac{1}{(2n')^4}+\frac{1}{(2n'-1)^4}\right.\right.$$

$$\left.\left.+2C^2_{n'}\right)+\sum_{m'=1}^{m'=\infty}\sum_{n'=1}^{n'=\infty}\sum_{s=-n'+1}^{s=\infty}A_{m'n'}\cdot A_{m',n'+s}\cdot C_{n'}\cdot C_{n'+s}\right]\quad .\quad (43)$$

Durch entsprechende Vertauschung l_1, m', x, $C_{n'}$ und s mit l, n', y, $C_{m'}$ und r erhält man hieraus auch

$$\int_0^{\frac{l_1}{2}}\int_0^{\frac{l}{2}}\left(\frac{\partial^2 z}{\partial y^2}\right)^2 dx\cdot dy = \left(\frac{l_1}{2\pi}\right)^4\cdot\frac{10\,l\,l_1}{72}\left[\sum_{m'=1}^{m'=\infty}\sum_{n'=1}^{n'=\infty} A^2_{m'n'}\cdot\frac{1}{2}\left(\frac{1}{9}\cdot\frac{1}{(2m')^4}+\frac{1}{(2m'-1)^4}\right.\right.$$

$$\left.\left.+2\,C_{m'}{}^2\right)+\sum_{m'=1}^{m'=\infty}\sum_{n'=1}^{n'=\infty}\sum_{r=-m'+1}^{r=\infty} A_{m'n'}\cdot A_{m'+r,n'}\cdot C_{m'}\cdot C_{m'+r}\right]\;.\quad (44)$$

Von dem Integral

$$\int_0^{\frac{l_1}{2}}\int_0^{\frac{l}{2}}\frac{\partial^2 z}{\partial x^2}\cdot\frac{\partial^2 z}{\partial y^2}\cdot dx\cdot dy \qquad \text{der Gleichung (9)}$$

sollen zunächst die quadratischen Glieder betrachtet und dabei die Teilglieder weggelassen werden, die wegen der schon mehrfach erwähnten Integrale Null werden.

$$\left(\frac{l}{2\pi}\right)^2\cdot\left(\frac{l_1}{2\pi}\right)^2 A^2_{m'n'}\cdot\int_0^{\frac{l_1}{2}}\left(-\frac{1}{9}\cdot\frac{1}{(2m')^2}\cos^2\frac{4m'\pi}{l_1}x-\frac{1}{(2m'-1)^2}\cdot\cos^2\frac{2m'-1}{l_1}2\pi x\right)dx$$

$$=-\left(\frac{l}{2\pi}\right)^2\cdot\left(\frac{l_1}{2\pi}\right)^2\cdot A^2_{m'n'}\cdot\frac{l_1}{4}\left(\frac{1}{9}\cdot\frac{1}{(2m')^2}+\frac{1}{(2m'-1)^2}\right);$$

$$\int_0^{\frac{l}{2}}\left(-\frac{1}{9}\,\frac{1}{(2n')^2}\cos^2\frac{4n'\pi y}{l}-\frac{1}{(n'-1)^2}\cdot\cos^2\frac{2n'-1}{l}2\pi y\right)=-\frac{l}{4}\left(\frac{1}{9}\cdot\frac{1}{(2n')^2}+\frac{1}{(2n'-1)^2}\right).$$

Die quadratischen Glieder des Produktes bilden also die Summe

$$\left(\frac{l}{2\pi}\right)^2\cdot\left(\frac{l_1}{2\pi}\right)^2\sum_{m'=1}^{m'=\infty}\sum_{n'=1}^{n'=\infty} A^2_{m'n'}\cdot\frac{l\,l_1}{16}\left(\frac{1}{9}\cdot\frac{1}{(2m')^2}+\frac{1}{(2m'-1)^2}\right)\cdot\left(\frac{1}{9}\cdot\frac{1}{(2n')^2}+\frac{1}{(2n'-1)^2}\right)$$

Die Doppelglieder des Produktes, welche die Beiwerte $A_{m'n'}\cdot A_{m'+r,\,n'+s}$ enthalten, werden für alle r und s Null.

$$\int_0^{\frac{l_1}{2}}\int_0^{\frac{l}{2}}\frac{\partial^2 z}{\partial x^2}\cdot\frac{\partial^2 z}{\partial y^2}\,dx\cdot dy=\left(\frac{l_1}{2\pi}\right)^2\cdot\left(\frac{l}{2\pi}\right)^2\sum_{m'=1}^{m'=\infty}\sum_{n'=1}^{n'=\infty} A^2_{m'n'}\cdot\frac{l l_1}{16}\left(\frac{1}{9}\cdot\frac{1}{(2m')^2}\right.$$

$$\left.+\frac{1}{(2m'-1)^2}\right)\left(\frac{1}{9}\cdot\frac{1}{(2n')^2}+\frac{1}{(2n'+1)^2}\right)\quad\ldots\ldots\quad(45)$$

Mit Hilfe der Gleichungen 9), 43), 44) und 45) kann man nun den Ausdruck für die elastische Energie $\mathfrak{A}$ der Platte bilden.

$$\mathfrak{A}=\frac{a_0{}^2h^3\cdot\left(1-\frac{1}{m^2}\right)}{16\cdot 6\cdot\varepsilon\cdot\pi^4}\left[\frac{10\,l l_1}{72}\left[\,l^4\left(\sum_{n'=1}^{m'=\infty}\sum_{n'=1}^{n'=\infty}A^2_{m'n'}\cdot a_{n'}\right.\right.\right.$$

$$\left.+\sum_{m'=n'=1,}^{m'=n'=s=\infty}\sum\sum_{s=-n'+1} A_{m'n'}\cdot A_{n',n'+s}\cdot C_{n'}\,C_{n'+s}\right)+l_1{}^4\left(\sum_{m'=1}^{m'=\infty}\sum_{n'=1}^{n'=\infty}A^2_{m'n'}\cdot a_{m'}\right.$$

$$\left.\left.+\sum_{m'=n'=1}^{m'=n'=r=\infty}\sum\sum_{r=m'+1} A_{m'n'}\cdot A_{m'+r\,n'}\cdot C_{m'}\cdot C_{m'+r}\right)\right]$$

$$\left.+\frac{2}{m}\,l^2\cdot l_1{}^2\sum_{m'=1}^{m'=\infty}\sum_{n'=1}^{n'=\infty}A^2_{m'n'}\cdot\frac{l l_1}{16}\cdot a_{m'n'}\right].\quad\ldots\ldots\quad(46)$$

Hierbei bedeuten

$$\left.\begin{aligned}
a_{n'} &= \frac{1}{2}\left[\frac{1}{9}\cdot\frac{1}{(2n')^4}+\frac{1}{(2n'-1)^4}+2\left(\frac{1}{(2n'-1)^2}+\frac{1}{3}\cdot\frac{1}{(2n')^2}\right)^2\right],\\
a_{m'} &= \frac{1}{2}\left[\frac{1}{9}\cdot\frac{1}{(2m')^4}+\frac{1}{(2m'-1)^4}+2\left(\frac{1}{(2m'-1)^2}+\frac{1}{3}\cdot\frac{1}{(2m')^2}\right)^2\right],\\
a_{m'n'} &= \left(\frac{1}{9}\cdot\frac{1}{(2m')^2}+\frac{1}{(2m'-1)^2}\right)\left(\frac{1}{9}\cdot\frac{1}{(2n')^2}+\frac{1}{(2n'-1)^2}\right),\\
C_{n'} &= \frac{1}{(2n'-1)^2}+\frac{1}{3}\cdot\frac{1}{(2n')^2},\\
C_{m'} &= \frac{1}{(2m'-1)^2}+\frac{1}{3}\cdot\frac{1}{(2m')^2}.
\end{aligned}\right\} \quad (47)$$

Die Deformationsarbeit $\mathfrak{T}$ der äußeren Kräfte ist

$$\mathfrak{T} = 4\int_0^{\frac{l_1}{2}}\int_0^{\frac{l}{2}}\frac{\pi_x\cdot z}{2}\,dy\cdot dx = 2\pi_x\int_0^{\frac{l_1}{2}}\int_0^{\frac{l}{2}} z\,dx\,dy.$$

Bei gliedweiser Integration von z sind folgende Integrale zu bilden:

$$\int_0^{\frac{l_1}{2}}\left(\frac{l_1}{2\pi}\right)^2\left(\frac{l}{2\pi}\right)^2 A_{m'n'}\left(\frac{1}{3}\cdot\frac{1}{(2m')^2}\cos\frac{4m'\pi x}{l_1}-\frac{1}{(2m'-1)^2}\cos\frac{2m'-1}{l}2\pi x - C_{m'}\right)dx$$

$$= -\left(\frac{l_1}{2\pi}\right)^2\cdot\left(\frac{l}{2\pi}\right)^2 A_{m'n'}\cdot C_{m'}\cdot\frac{l_1}{2},$$

$$\int_0^{\frac{l}{2}}\left(\frac{1}{3}\cdot\frac{1}{(2n')^2}\cdot\cos\frac{4n'\pi y}{l}-\frac{1}{(2n'-1)^2}\cdot\cos\frac{2m'-1}{l}2\pi y - C_{n'}\right)dy = -C_{n'}\cdot\frac{l}{2};$$

$$\mathfrak{T} = 2\pi_x\cdot\left(\frac{l_1}{2\pi}\right)^2\cdot\left(\frac{l}{2\pi}\right)^2\cdot\frac{l l_1}{4}\cdot\sum_{m'=1}^{m'=\infty}\sum_{n'=1}^{n'=\infty} A_{m'n'}\cdot C_{m'}\cdot C_{n'} \quad . \; . \; . \quad (48)$$

Die Berechnung der unbekannten Beiwerte $A_{m'n'}$ kann nun ebenso erfolgen, wie dies bei der frei gelagerten, rechteckigen Platte durchgeführt worden ist.

$$\mathfrak{A} = -\mathfrak{T},$$

$$-\frac{\pi_x\cdot 24\cdot\varepsilon}{a_0^2\cdot h^3\left(1-\frac{1}{m^2}\right)} = \frac{\frac{10}{9}\left[l^4\left(\sum_{m'=n'=1}^{m'=n'=\infty}\sum A^2_{m'n'}\cdot a_{n'} + \sum_{m'=n'=1,\; s=-n'+1}^{m'=n'=s=\infty}\sum\sum A_{m'n'}\cdot A_{m',n'+s}\cdot C_{n'}\cdot C_{n'+s}\right)+l_1^4\left(\sum_{m'=1}^{m'=\infty}\sum_{n'=1}^{n'=\infty}A^2_{m'n'}\cdot a_{m'} + \sum_{m'=n'=1}^{m'=n'=r=\infty}\sum\sum_{r=-m'+1} A_{m'n'}\cdot A_{m'+r,n'}\cdot C_{m'}C_{m'+r}\right)\right]+\frac{2}{m}\cdot\frac{l^2 l_1^2}{2}\sum_{m'=n'=1}^{m'=n'=\infty}\sum A_{m'n'}^{2}\cdot a_{m'n'}}{l_1^2 l^2\sum_{m'=n'=1}^{m'=n'=\infty}\sum - A_{m'n'}\cdot C_{m'}\cdot C_{n'}}$$

$$= B = \frac{Z}{N}; \qquad B = -\frac{\pi_x\cdot 24\cdot\varepsilon}{a_0^2\cdot h^3\cdot\left(1-\frac{1}{m^2}\right)} \quad . \; . \; . \; . \; . \; . \quad (49)$$

Hierbei sollen B, Z und N nur Bezeichnungen sein. Die Gleichungen für die Unbekannten $A_{m'n'}$ werden wieder aus den Bedingungen

$$\frac{\partial \pi_x}{\partial A_{m'n'}} = 0$$

erhalten, wobei jedoch zu berücksichtigen ist, daß die Bedingungen, wie in den früheren Fällen, durch homogene Gleichungen gegeben sind und somit nicht nur von den wahren Größen $A_{m'n'}$ sondern auch von beliebigen Vielfachen $\lambda \cdot A_{m'n'}$ erfüllt werden.

$$\frac{\partial \pi_x}{\partial A_{m'n'}} = 0 = \left[\frac{10}{9} \cdot l^4 \cdot a_{n'} \cdot 2 A_{m'n'} + \frac{10}{9} \cdot l^4 \sum_{s=-n'+1}^{s=\infty} A_{m',\, n'+s} \cdot C_{n'} \cdot C_{n'+s} \right.$$

$$+ \frac{10}{9} \cdot l_1^4 \cdot a_{m'} \cdot 2 A_{m'n'} + \frac{10}{9} l_1^4 \sum_{r=-m'+1}^{m'=\infty} A_{m'+r,\, n'} \cdot C_{m'} \cdot C_{m'+r}$$

$$\left. + \frac{2}{m} \cdot \frac{l^2 l_1^2}{2} \cdot 2 A_{m'n'} \cdot a_{m'n'} \right] N - l_1^2 l^2 \cdot C_{m'} \cdot C_{n'} \cdot Z = 0.$$

$$2 A_{m'n'} \cdot \left[\frac{10}{9} \cdot l^4 \cdot a_{n'} + \frac{10}{9} l_1^4 \cdot a_{m'} + \frac{2}{m} \cdot \frac{l^2 l_1^2}{2} \cdot a_{m'n'}\right]$$

$$+ \sum_{s=-n'+1}^{s=\infty} A_{m',n'+s} \cdot C_{n'} \cdot C_{n'+s} \cdot \frac{10}{9} l^4 + \sum_{r=-m'+1}^{r=\infty} A_{m'+r,\, n'} \cdot C_{m'} \cdot C_{m'+r} \cdot \frac{10}{9} l_1^4$$

$$= l^2 l_1^2 \cdot C_{m'} \cdot C_{n'} \cdot B \quad \text{. . . . .} \quad (50)$$

Aus solchen Gleichungen können nun die Unbekannten $A_{m'n'}$ berechnet werden, welche aber noch mit einem Faktor λ zu multiplizieren sind. Die Größe λ könnte nun ebenso wie beim Träger dadurch gefunden werden, daß man die aus der Gleichungsfolge 50) berechneten Werte $\lambda \cdot A_{m'n'}$ in die Gleichung 49) einsetzt. Dieses Verfahren würde aber bei den sehr verwickelten Ausdrücken sehr umständlich sein und ist auch überflüssig, weil man sich an einem Zahlenbeispiel leicht überzeugen kann, daß bei der Form der Gleichung 49) sich λ stets zu 2 berechnet[1]).

Die Unbekannten können auch anders geschrieben werden.

$$\frac{2 A_{m'n'}}{B} = \bar{A}_{m'n'}; \qquad \frac{2 A_{m'+r,\, n'}}{B} = \bar{A}_{m'+r,\, n'}; \qquad \frac{2 A_{m',\, n'+s}}{B} = \bar{A}_{m',\, n'+s}.$$

---

[1]) Die Gleichung 49 hat die Form des folgenden in seinen Größen beliebig gewählten Zahlenbeispiels.

$$\frac{x_1^2 + 2 x_2^2 + 3 x_1 x_2}{x_1 + 3 x_2} = 4$$

Nach Gleichung 50.

$$\left.\begin{matrix} 2 x_1 + 3 x_2 = 4 \\ 4 x_2 + 3 x_1 = 12 \end{matrix}\right\}; \quad x_1 = 20 \lambda; \quad x_2 = -12 \cdot \lambda$$

$$\frac{400 \lambda + 288 \lambda + 270 \lambda}{20 - 36} = 4$$

$$\lambda = 2.$$

$$\bar{A}_{m'n'}\left(\frac{10}{9}l^4 \cdot a_{n'} + \frac{10}{9}\cdot l_1^4 \cdot a_{m'} + \frac{2}{m}\,\frac{l^2 l_1^2}{2}\cdot a_{m'n'}\right) + \sum_{s=-n'+1}^{s=\infty} \bar{A}_{m',\,n'+s}\cdot C_{n'}$$

$$\cdot C_{n'+s}\cdot\frac{5}{9}l^4 + \sum_{r=-m'+1}^{m'=\infty} A_{m'+r,\,n'}\cdot\frac{5}{9}\cdot l_1^4\cdot C_{m'}\cdot C_{m'+r} = l^2 l_1^2\cdot C_{m'}\cdot C_{n'}. \quad (51)$$

Zunächst sollen nur die ersten vier Glieder der Reihe berücksichtigt werden, also $m' = 1$ und 2 sowie $n' = 1$ und 2.

Nach Gleichungsfolge 47) ist

$\underline{m' = 1,\quad n' = 1,\quad r = +1,\quad s = +1;}$

$$C_{m'} = C_{n'} = 1 + \frac{1}{12} = \frac{13}{12}, \qquad C_{m'+r} = C_{n'+s} = \frac{1}{9} + \frac{1}{3}\cdot\frac{1}{16} = \frac{19}{144},$$

$$a_{m'} = a_{n'} = a_1 = \frac{1}{2}\left[\frac{1}{9}\cdot\frac{1}{16} + 1 + 2\cdot\left(\frac{13}{12}\right)^2\right] = \frac{483}{288},$$

$$a_{m'n'} = a_{11} = \left(\frac{1}{9}\cdot\frac{1}{4} + 1\right)\left(\frac{1}{9}\cdot\frac{1}{4} + 1\right) = \left(\frac{37}{36}\right)^2 = \frac{1369}{1296},$$

$$C_{n'}\cdot C_{n'+s} = \frac{13}{12}\cdot\frac{19}{144} = \frac{247}{1728},$$

$$C_{m'}\cdot C_{m'+r} = \frac{247}{1728},$$

$$C_{m'}\cdot C_{n'} = \left(\frac{13}{12}\right)^2 = \frac{169}{144};$$

$\underline{m' = 1,\quad n' = 2,\quad r = +1,\quad s = -1;}$

$$C_{m'} = \frac{13}{12}, \quad C_{n'} = \frac{19}{144}, \quad C_{m'+r} = \frac{19}{144}, \quad C_{n'+s} = \frac{13}{12},$$

$$a_{m'} = a_1 = \frac{483}{288},$$

$$a_{n'} = a_2 = \frac{1}{2}\left[\frac{1}{9}\cdot\frac{1}{256} + \frac{1}{81} + 2\cdot\left(\frac{19}{144}\right)^2\right] = \frac{987}{41472},$$

$$a_{m'n'} = a_{12} = \frac{37}{36}\left(\frac{1}{9}\cdot\frac{1}{16} + \frac{1}{9}\right) = \frac{629}{5184},$$

$$C_{n'}\cdot C_{n'+s} = \frac{13}{12}\cdot\frac{19}{144} = \frac{247}{1728}, \quad C_{m'}\cdot C_{m'+r} = \frac{247}{1728},$$

$$C_{m'}\cdot C_{n'} = \frac{247}{1228};$$

$m' = 2, \quad n' = 1, \quad r = -1, \quad s = +1;$

$$C_{m'} = \frac{19}{144}, \quad C_{n'} = \frac{13}{12}, \quad C_{m'} \cdot C_{m'+r} = \frac{247}{1728}, \quad C_{n'} \cdot C_{n'+s} = \frac{247}{1728},$$

$$a_{m'} = a_2 = \frac{987}{41472}, \quad a_{n'} = a_1 = \frac{483}{288},$$

$$a_{m'n'} = a_{21} = \frac{629}{5184},$$

$$C_{m'} \cdot C_{n'} = \frac{247}{1728};$$

$m' = 2, \quad n' = 2, \quad r = -1, \quad s = -1;$

$$C_{m'} = \frac{19}{144}, \quad C_{n'} = \frac{19}{144}, \quad C_{m'} \cdot C_{m'+r} = \frac{247}{1728}, \quad C_{n'} \cdot C_{n'+s} = \frac{247}{1728},$$

$$a_{m'} = a_{n'} = a_2 = \frac{987}{41472},$$

$$C_{m'} \cdot C_{n'} = \left(\frac{19}{144}\right)^2 = \frac{361}{20736}.$$

Setzt man die hier berechneten Größen in die Gleichung 51) ein und bezeichnet noch das Längenverhältnis

$$\frac{l_1}{l} = \mu,$$

so erhält man vier Gleichungen für die Unbekannten $\bar{A}_{m'n'}$ der ersten vier Reihenglieder.

$$\left.\begin{aligned}
&\bar{A}_{11}\left[1{,}86 + \mu^4 \cdot 1{,}86 + \frac{\mu^4}{m} \cdot 1{,}055\right] + \bar{A}_{12} \cdot 0{,}079 + \bar{A}_{21} \cdot 0{,}079 \cdot \mu^4 = 1{,}17\ \mu^2\\
&\bar{A}_{12}\left[0{,}0265 + \mu^4 \cdot 1{,}86 + \frac{\mu^2}{m} \cdot 0{,}121\right] + \bar{A}_{11} \cdot 0{,}079 + \bar{A}_{22} \cdot 0{,}079 \cdot \mu^4 = 0{,}143\,\mu^2\\
&\bar{A}_{21}\left[1{,}86 + \mu^4 \cdot 0{,}0265 + \frac{\mu^2}{m} \cdot 0{,}121\right] + \bar{A}_{22} \cdot 0{,}079 + \bar{A}_{11} \cdot 0{,}079 \cdot \mu^4 = 0{,}143\,\mu^2\\
&\bar{A}_{22}\left[0{,}0265 + \mu^4 \cdot 0{,}0265 + \frac{\mu^2}{m} \cdot 0{,}0238\right] + \bar{A}_{21} \cdot 0{,}079 + \bar{A}_{12} \cdot 0{,}079 \cdot \mu^4 = 0{,}0174\,\mu^2
\end{aligned}\right\} \quad (52)$$

$$A_{m'n'} = B \cdot \bar{A}_{m'n'}; \quad B = -\frac{\pi_x \cdot \varepsilon \cdot 24}{\alpha_0^2 \cdot h^3\left(1 - \frac{1}{m^2}\right)} = \frac{-24 \cdot \pi_x \cdot (m^2 - 1)}{\varepsilon \cdot m^2 \cdot h^3} \quad . \quad (53)$$

Nachdem nun die Beiwerte $A_{m'n'}$ berechnet sind, kann man mit Hilfe der zweiten Ableitungen der trigonometrischen Reihe der elastischen Fläche nach Gleichung 1) die Normalspannungen σ_x und σ_y im Punkte x, y, v der Platte berechnen. Für $v = \frac{h}{2}$ erhält man die Oberflächenspannungen σ_{x0} und σ_{y0} an der betrachteten Plattenstelle.

$$\left.\begin{aligned}
\sigma_{xo} = {} & \varepsilon\cdot\frac{h}{2}\cdot\frac{m^2}{m^2-1}\Bigg[\left(\frac{l}{2\pi}\right)^2\sum_{m'=1}^{m'=\infty}\sum_{n'=1}^{n'=\infty}A_{m'n'}\left(-\frac{1}{3}\cos\frac{4m'\pi x}{l_1}+\cos\frac{2m'-1}{l_1}2\pi x\right)\\
& \cdot\left(\frac{1}{3}\cdot\frac{1}{(2n')^2}\cdot\cos\frac{4n'\pi y}{l}-\frac{1}{(2n'-1)^2}\cdot\cos\frac{2n'-1}{l}2\pi y-C_n\right)\\
& +\frac{1}{m}\cdot\left(\frac{l_1}{2\pi}\right)^2\cdot\sum_{m'=1}^{m'=\infty}\sum_{n'=1}^{n'=\infty}A_{m'n'}\left(\frac{1}{3}\cdot\frac{1}{(2m')^2}\cdot\cos\frac{4m'\pi x}{l_1}-\frac{1}{(2m'-1)^2}\right.\\
& \left.\cdot\cos\frac{2m'-1}{l_1}2\pi x-C_{m'}\right)\left(-\frac{1}{3}\cos\frac{4n'\pi y}{l}+\cos\frac{2n'-1}{l}2\pi y\right)\Bigg]\\[2ex]
\sigma_{yo} = {} & \varepsilon\cdot\frac{h}{2}\cdot\frac{m^2}{m^2-1}\Bigg[\left(\frac{l_1}{2\pi}\right)^2\sum_{m'=1}^{m'=\infty}\sum_{n'=1}^{n'=\infty}A_{m'n'}\left(\frac{1}{3}\cdot\frac{1}{(2m')^2}\cdot\cos\frac{4m'\pi x}{l_1}-\frac{1}{(2m'-1)^2}\right.\\
& \left.\cdot\cos\frac{2m'-1}{l_1}2\pi x-C_{m'}\right)\left(-\frac{1}{3}\cos\frac{4n\pi y}{l}+\cos\frac{2n'-1}{l}2\pi y\right)\\
& +\frac{1}{m}\cdot\left(\frac{l}{2\pi}\right)^2\cdot\sum_{m'=1}^{m'=\infty}\sum_{n'=1}^{n'=\infty}A_{m'n'}\left(-\frac{1}{3}\cos\frac{4m'\pi x}{l_1}+\cos\frac{2m'-1}{l_1}2\pi x\right)\left(\frac{1}{3}\cdot\frac{1}{(2n')^2}\right.\\
& \left.\cdot\cos\frac{4n'\pi y}{l}-\frac{1}{(2n'-1)^2}\cdot\cos\frac{2n'-1}{l}2\pi y-C_{n'}\right).
\end{aligned}\right\} \quad (54)$$

Die größten Spannungen sind in den Punkten $x = o$, $y = o$ σ_{xom} und σ_{yom} sowie an den Einspannstellen $x = o$, $y = \pm\frac{l}{2}$ σ_{xl}, σ_{yl} und $x = \pm\frac{l_1}{2}$, $y = o$ σ_{xl_1}, σ_{yl_1}.

Berücksichtigt man nur die vier ersten Glieder der Reihe, so erhält man:

$$\left.\begin{aligned}
\sigma_{xom} = {} & \frac{3\cdot\pi_x}{h^2\cdot\pi^2}\left[\frac{\bar{A}_{11}}{3}\left(4l^2+\frac{4l_1^2}{m}\right)+\frac{\bar{A}_{12}}{3}\left(0{,}444\,l^2+\frac{4l_1^2}{m}\right)\right.\\
& \left.+\frac{\bar{A}_{21}}{3}\left(4l^2+\frac{0{,}444\,l_1^2}{m}\right)+\frac{\bar{A}_{22}}{3}\left(0{,}444\,l^2+\frac{0{,}444\,l_1^2}{m}\right)\right]\\
\sigma_{yom} = {} & \frac{3\cdot\pi_x}{h^2\cdot\pi^2}\left[\frac{\bar{A}_{11}}{3}\left(4l_1^2+\frac{4l^2}{m}\right)+\frac{\bar{A}_{12}}{3}\left(0{,}444\,l_1^2+\frac{4l_1^2}{m}\right)\right.\\
& +\frac{\bar{A}_{21}}{3}\left(4l_1^2+\frac{0{,}444\,l^2}{m}\right)+\frac{\bar{A}_{22}}{3}\left(0{,}444\,l_1^2+\frac{0{,}444\,l^2}{m}\right)
\end{aligned}\right\} \quad . \; . \quad (55)$$

$$\left.\begin{aligned}
\sigma_{xl} &= \frac{-3\pi_x}{h^2\cdot\pi^2}\left[\frac{\bar{A}_{11}\cdot l_1^2}{m}\cdot\frac{8}{3}+\frac{\bar{A}_{12}\,l_1^2}{m}\cdot\frac{8}{3}+\frac{\bar{A}_{21}\,l_1^2}{m}\cdot\frac{0{,}888}{3}+\frac{\bar{A}_{22}\,l_1^2}{m}\cdot\frac{0{,}888}{3}\right]\\
\sigma_{yl} &= \frac{-3\pi_x}{h^2\cdot\pi^2}\left[\bar{A}_{11}\cdot l_1^2\cdot\frac{8}{3}+\bar{A}_{12}\,l_1^2\cdot\frac{8}{3}+\bar{A}_{21}\,l_1^2\cdot\frac{0{,}888}{3}+\bar{A}_{22}\,l_1^2\cdot\frac{0{,}888}{3}\right]\\
\sigma_{xl_1} &= \frac{-3\pi_x}{h^2\cdot\pi^2}\left[\bar{A}_{11}\,l^2\cdot\frac{8}{3}+\bar{A}_{12}\,l^2\cdot\frac{0{,}888}{3}+\bar{A}_{21}\,l^2\cdot\frac{8}{3}+\bar{A}_{22}\,l^2\cdot\frac{0{,}888}{3}\right]\\
\sigma_{yl_1} &= \frac{-3\pi_x}{h^2\cdot\pi^2}\left[\bar{A}_{11}\frac{l^2}{m}\cdot\frac{8}{3}+\bar{A}_{12}\frac{l^2}{m}\cdot\frac{0{,}888}{3}+\bar{A}_{21}\frac{l^2}{m}\cdot\frac{8}{3}+\bar{A}_{22}\frac{l^2}{m}\cdot\frac{0{,}888}{3}\right]
\end{aligned}\right\} \quad (56)$$

Setzt man in Gleichung 54) $x = \pm \frac{l_1}{2}$ und $y = \pm \frac{l}{2}$ ein, so würde man die Oberflächenspannungen in den Eckpunkten der Platte erhalten. Man kann sich durch Rechnung einiger Glieder leicht überzeugen, daß diese Spannungen Null sind.

Zahlenbeispiel.

Eine quadratische Platte von je 2,00 m Stützweite ist gleichförmig mit 20 000 kg/qm belastet. Die Plattenhöhe sei 0,10 m, die Poissonsche Zahl $m = 4$. Wie groß sind die größten Oberflächenspannungen?

$$\mu = \frac{l_1}{l} = 1.$$

$$\begin{aligned}
\bar{A}_{11} \cdot 3{,}984 + \bar{A}_{12} \cdot 0{,}079 + \bar{A}_{21} \cdot 0{,}079 &= 1{,}17 \\
\bar{A}_{12} \cdot 1{,}9168 + \bar{A}_{11} \cdot 0{,}079 + \bar{A}_{22} \cdot 0{,}079 &= 0{,}143 \\
\bar{A}_{21} \cdot 1{,}9168 + \bar{A}_{22} \cdot 0{,}079 + \bar{A}_{11} \cdot 0{,}079 &= 0{,}143 \\
\bar{A}_{22} \cdot 0{,}059 + \bar{A}_{21} \cdot 0{,}079 + \bar{A}_{12} \cdot 0{,}079 &= 0{,}0174
\end{aligned}$$

Hieraus ergibt sich bei zweimaliger Annäherung (vgl. das Zahlenbeispiel der in 4 Punkten gelagerten Platte).

$$\bar{A}_{11} = 0{,}291, \quad \bar{A}_{12} = \bar{A}_{21} = 0{,}0574, \quad \bar{A}_{22} = 0{,}141.$$

$$\frac{\pi_x}{h^2 \cdot \pi_x} = \frac{20\,000}{0{,}01 \cdot 9{,}87} = 202\,600$$

$$\sigma_{xom} = 202\,600\,[0{,}291\,(16 + 4) + 0{,}0574\,(1{,}776 + 4) + 0{,}0574\,(16 + 0{,}444) + 0{,}141\,(1{,}776 + 0{,}444)]$$

$$\sigma_{xom} = 1\,494\,400 \text{ kg/qm} = 149{,}44 \text{ kg/cm}^2.$$

Berücksichtigt man

ein zwei drei vier Glieder der Reihe, so erhält man

$\sigma_{xom} = 117{,}80 \quad 124{,}00 \quad 143{,}10 \quad 149{,}44$ kg/cm².

$$\sigma_{xl_1} = 202\,600\,[0{,}291 \cdot 32 + 0{,}0574 \cdot 3{,}552 + 0{,}0574 \cdot 32 + 0{,}141 \cdot 3{,}552]$$

$$\sigma_{xl_1} = 2\,398\,300 \text{ kg/qm} = 239{,}83 \text{ kg/cm}^2.$$

Berücksichtigt man

ein zwei drei vier Glieder der Reihe, so erhält man

$\sigma_{xl_1} = 188{,}50 \quad 192{,}63 \quad 229{,}78 \quad 239{,}83$ kg/cm².

Ein beiderseits eingespannter Träger würde unter denselben Verhältnissen an dem Auflager eine größte Spannung σ_A und in der Mitte eine größte Spannung σ_m haben,

$$\sigma_A = \frac{20\,000 \cdot 2^2 \cdot 6}{12 \cdot 1 \cdot 0{,}01} = 4\,000\,000 \text{ kg/m}^2 = 400 \text{ kg/cm}^2$$

$$\sigma_m = \frac{20\,000 \cdot 2^2 \cdot 6}{24 \cdot 1 \cdot 0{,}01} = 2\,000\,000 \text{ kg/qm} = 200 \text{ kg/cm}^2.$$

Nachdem für den eingespannten Träger gezeigt worden ist, daß die hier verwendete trigonometrische Reihe zwar in der Nähe der Maximalmomentenpunkte bei Benützung nur einiger Reihenglieder hinreichend genaue Ergebnisse liefert, dagegen in der Nähe der Momentennullpunkte große Abweichungen festgestellt werden konnten, darf die hier für die Platte entwickelte Formel auch nur zur Berechnung der Maximalmomente benützt werden oder zur Darstellung des Momentenkörpers seinem Inhalte nach. Für die Zwischenpunkte liefert die Reihe keine hinreichend genauen Spannungswerte. Da es aber bei Berechnung von Platten zunächst auf die größten Oberflächenspannungen ankommt, erfüllt die vorgeschlagene Reihe diesen Zweck vollkommen.

7. Der Träger auf zwei Stützen mit einer Einzellast belastet.

Auch für diesen Fall soll die Gleichung der elastischen Linie durch eine trigonometrische Reihe ausgedrückt werden, deren Glieder jedoch einige Bedingungen zu erfüllen haben.

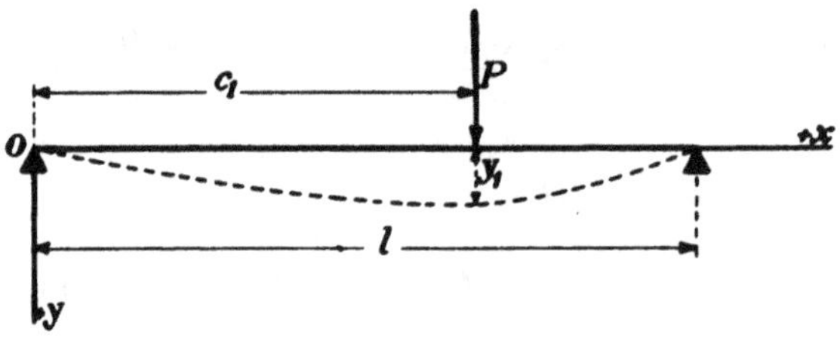

Fig. 11.

Wie im einzelnen noch gezeigt werden wird, werden die für den angenommenen Belastungsfall zu stellenden Bedingungen erfüllt von der trigonometrischen Reihe

$$y = \sum_{m=1}^{m=\infty} A_m \left(\sin \frac{(2m-1)\pi}{l} x + d_m \sin \frac{2m\pi}{l} x \right) \quad . \; . \; . \; . \quad (57)$$

Wegen der starren Auflager muß y für $x = o$ und für $x = l$ Null werden. Diese Bedingung wird von der gewählten Reihe erfüllt.

$$\frac{dy}{dx} = \sum_{m=1}^{m=\infty} A_m \cdot \left[\left(\frac{2m-1}{l} \pi \right) \cos \frac{2m-1}{l} \pi x + d_m \cdot \left(\frac{2m\pi}{l} \right) \cos \frac{2m\pi}{l} x \right].$$

$\frac{dy}{dx}$ hat einer Bedingung zu genügen, die aber erst später behandelt werden kann.

$$\frac{d^2y}{dx^2} = \sum_{m=1}^{m=\infty} -A_m \cdot \left[\left(\frac{2m-1}{l} \pi \right)^2 \sin \frac{2m-1}{l} \pi x + d_m \left(\frac{2m}{l} \pi \right)^2 \sin \frac{2m\pi}{l} x \right] \quad (58)$$

Da die Biegungsmomente des Trägers an den Auflagern Null sind, muß auch $\frac{d^2y}{dx^2}$ für $x = o$ und $x = l$ Null sein, wie dies tatsächlich der Fall ist.

Das Biegungsmoment des Trägers erreicht an der Angriffsstelle der Last seinen Größtwert. Es muß also an dieser Stelle ($x = c_1$) der dritte Differentialquotient Null werden. Diese Bedingung kann man zu der Bestimmung des bis jetzt noch unbekannten Koeffizienten d_m benutzen.

$$\frac{d^3 y}{d x^3} = \sum_{m=1}^{m=\infty} A_m \cdot \left[-\left(\frac{2m-1}{l}\pi\right)^3 \cos\frac{2m-1}{l}\pi x - d_m \cdot \left(\frac{2m\pi}{l}\right)^3 \cos\frac{2m\pi}{l} x\right].$$

$$\text{Für } x = c_1, \quad \frac{d^3 y}{d x^3} = 0$$

$$d_m = -\frac{(2m-1)^3 \cos\frac{2m-1}{l}\pi c_1}{(2m)^3 \cos\frac{2m-\pi}{l} c_1} \quad \ldots\ldots \quad (59)$$

Nun können noch nachträglich die Bedingungen betrachtet werden, denen $\frac{dy}{dx}$ genügen muß.

Bei einem beliebigen Werte von c_1 müssen die Werte von $\frac{dy}{dx}$ in den Punkten $x = o$ und $x = l$ verschieden sein. Diese Bedingung wird erfüllt. Ferner muß $\frac{dy}{dx}$, für den Fall, daß die Last in der Trägermitte angreift $\left(c_1 = \frac{l}{2}\right)$, in der Trägermitte $\left(x = \frac{l}{2}\right)$ Null und an den Trägerenden ($x = o$ und $x = l$) entgegengesetzt gleich werden.

$$\text{Für } c_1 = \frac{l}{2}, \quad d_m = 0;$$

$$\text{für } x = 0, \quad \frac{dy}{dx} = \Sigma A_m \cdot \frac{2m-1}{l}\pi;$$

$$x = l, \quad \frac{dy}{dx} = \Sigma - A_m \frac{2m-1}{l}\pi;$$

$$x = \frac{l}{2}, \quad \frac{dy}{dx} = 0.$$

Somit genügt die vorgeschlagene trigonometrische Reihe den sämtlichen Bedingungen, die für die elastische Linie gestellt werden müssen.

Bezeichnet man wieder mit ε den Elastizitätsmodul und mit Θ das konstante Trägheitsmoment des Trägers, so ist seine elastische Energie $\mathfrak{A}$

$$\mathfrak{A} = \frac{\varepsilon \cdot \Theta}{2}\int_0^l \left(\frac{d^2 y}{d x^2}\right)^2 \cdot dx = \frac{\varepsilon\,\Theta}{2}\int_0^l \left[\sum_{m=1}^{m=\infty} - A_m \cdot \left(\left(\frac{2m-1}{l}\pi\right)^2 \sin\frac{2m-1}{l}\pi x\right.\right.$$

$$\left.\left. + d_m \left(\frac{2m\pi}{l}\right)^2 \sin\frac{2m\pi}{l} x\right)\right]^2 dx. \quad \ldots\ldots\ldots \quad (60)$$

Betrachtet man zunächst die Integrale der quadratischen Glieder dieser Summe, so ist zu bilden

$$\int_0^l A_m^2 \left(\frac{\pi}{l}\right)^4 \left[(2m-1)^2 \sin^2\frac{2m-1}{l}\pi x + 2 d_m (2m-1)(2m) \sin\frac{2m-1}{l}\pi x\right.$$

$$\left. \cdot \sin\frac{2m\pi x}{l} + d_m^2 (2m)^2 \sin^2\frac{2m\pi x}{l}\right] dx.$$

$$\int_0^l \sin^2 \frac{m\pi}{l} x \cdot dx = \frac{l}{2},$$

$$\int_0^l \sin^2 \frac{2m\pi}{l} x \cdot dx = \frac{l}{2},$$

$$\int_0^l \sin \frac{(2m-1)\pi}{l} x \cdot \sin \frac{2m\pi}{l} x \cdot dx = 0.$$

Die quadratischen Glieder der Gleichung 60) lauten daher

$$A_m^2 \left(\frac{\pi}{l}\right)^4 \left(\frac{l}{2}(2m-1)^4 + d_m^2 \cdot \frac{l}{2}(2m)^4\right) = \frac{A_m^2}{l^3 \cdot 2} \cdot (\pi)^4 [(2m-1)^4 + d_m^2 (2m)^4].$$

Die Doppelglieder der Gleichung 60) werden sämtlich Null, da sie Integrale

$$\int_0^l \sin \frac{m\pi}{l} x \cdot \sin \frac{k \cdot \pi}{l} \cdot x dx$$

enthalten, in denen m und k ganze Zahlen sind und die deshalb Null sind.

Demgemäß setzt sich die elastische Energie nur aus den quadratischen Gliedern der Gleichung 60) zusammen.

$$\mathfrak{A} = \frac{\varepsilon \cdot \Theta}{2} \cdot \sum_{m=1}^{m=\infty} \frac{A^2_m}{2} \cdot \frac{(\pi)^4}{l^3} [(2m-1)^4 + d_m^2 (2m)^4]. \quad . \quad . \quad . \quad (61)$$

Da starre Auflager vorausgesetzt wurden, ist die Arbeit der Auflagerkräfte Null und die Deformationsarbeit $\mathfrak{T}$ der äußeren Kräfte beschränkt sich auf die Arbeit der Einzellast P.

$$\mathfrak{T} = \frac{P \cdot y_1}{2} = \frac{P}{2} \cdot \sum_{m=1}^{m=\infty} A_m \cdot \left(\sin \frac{(2m-1)\pi c_1}{l} + d_m \cdot \sin \frac{2m\pi c_1}{l}\right) \quad (62)$$

Aus der Beziehung $\mathfrak{A} = -\mathfrak{T}$ kann man, wie in den bereits behandelten Belastungsfällen, die unbekannten Beiwerte A_m der Reihe berechnen.

$$\frac{P}{\varepsilon \cdot \Theta} = -\frac{\sum_{m=1}^{m=\infty} \frac{A_m^2}{2} \cdot \frac{(\pi)^4}{l^3} [(2m-1)^4 + d_m^2 (2m)^4]}{\sum_{m=1}^{m=\infty} A_m \cdot \left(\sin \frac{(2m-1)\pi}{l} c_1 + d_m \cdot \sin \frac{2m\pi}{l} \cdot c_1\right)} = \frac{Z}{N} \quad . \quad (63)$$

Die Beiwerte A_m sind nun so zu wählen, daß die Last P, die die Einbiegungen y bewirkt, zu einem Minimum wird.

$$\frac{\partial P}{\partial A_m} = 0 = -A_m \cdot \frac{(\pi)^4}{l^3} [(2m-1)^4 + d_m^2 (2m)^4] N + \left(\sin \frac{(2m-1)\pi}{l} c_1 + d_m \cdot \sin \frac{2m\pi}{l} c_1\right) \cdot Z.$$

Da diese Gleichung eine homogene ist, wird sie von A_m und von allen Vielfachen $\lambda \cdot A_m$ befriedigt.

$$A_m = -\frac{P}{\varepsilon \cdot \Theta} \cdot \frac{\left(\sin(2m-1)\pi c_1 + d_m \cdot \sin \frac{2m\pi}{l} \cdot c_1\right)}{\frac{(\pi)^4}{l^3}\left[(2m-1)^4 + (2m)^4 d^2_m\right]} \cdot \lambda \quad . \quad . \quad (64)$$

Setzt man A_m aus Gleichung 64) in die Gleichung 63) ein, so erhält man

$$\lambda = 2,$$

$$A_m = -\frac{2P}{\varepsilon\Theta} \cdot \frac{\sin\frac{(2m-1)\pi}{l} c_1 + d_m \sin\frac{2m\pi}{l} c_1}{\frac{(\pi)^4}{l^3}\left[(2m-1)^4 + (2m)^4 \cdot d^2_m\right]}$$

$$= B \cdot \frac{\sin\frac{(2m-1)\pi}{l} \cdot c_1 + d_m \cdot \sin\frac{2m\pi}{l} c_1}{\frac{1}{l^3}\left[(2m-1)^4 + d_m^2 (2m)^4\right]}$$

$$A_m = \bar{A}_m \cdot B; \quad \bar{A}_m = \frac{\sin\frac{(2m-1)\pi}{l} \cdot c_1 + d_m \sin\frac{2m\pi}{l} c_1}{\frac{1}{l^3}\left[(2m-1)^4 + d_m^2 \cdot (2m)^4\right]}; \; B = -\frac{2P}{\varepsilon \cdot \Theta \cdot \pi^4} \quad (65)$$

Die elastische Linie und ihre zweite Ableitung können also durch folgende trigonometrische Reihen ausgedrückt werden:

$$y = B \sum_{m=1}^{m=\infty} \bar{A}_m \left(\sin\frac{(2m-1)\pi}{l} x + d_m \cdot \sin\frac{2m\pi}{l} x\right),$$

$$\frac{d^2 y}{dx^2} = B \cdot \sum_{m=1}^{m=\infty} -\bar{A}_m \left[\left(\frac{2m-1}{l}\pi\right)^2 \sin\frac{2m-1}{l}\pi x + d_m \left(\frac{2m}{l}\pi\right)^2 \sin\frac{2m\pi x}{l}\right].$$

Das Biegungsmoment an der Stelle x ist

$$\mathfrak{M}_x = -\varepsilon \cdot \Theta \cdot \frac{d^2 y}{dx^2} = \varepsilon \cdot \Theta \cdot B \sum_{m=1}^{m=\infty} \bar{A}_m \cdot \left(\frac{\pi}{l}\right)^2 \left((2m-1)^2 \sin\frac{2m-1}{l}\pi x + d_m (2m)^2 \sin\frac{2m\pi}{l} x\right).$$

Betrachtet man von der unendlichen Reihe nur vier Glieder, so sind vier Koeffizienten d_m und vier Koeffizienten A_m zu berechnen.

$$m = 1; \quad d_1 = \frac{-\cos\frac{\pi c_1}{l}}{8 \cdot \cos\frac{2\pi c_1}{l}} \quad ; \quad \bar{A}_1 = \frac{\sin\frac{\pi c_1}{l} + d_1 \cdot \sin\frac{2\pi c_1}{l}}{\frac{1}{l^3}(1 + 16 d_1^2)}$$

$$m = 2; \quad d_2 = \frac{-\cos\frac{3\pi c_1}{l}}{\cos\frac{4\pi c_1}{l}} \cdot \frac{27}{64}; \quad \bar{A}_2 = \frac{\sin\frac{3\pi c_1}{l} + d_2 \cdot \sin\frac{4\pi c_1}{l}}{\frac{1}{l^3}(81 + 256 d_2^2)}$$

$$m = 3;\quad d^3 = \frac{-\cos\dfrac{5\pi c_1}{l}}{\cos\dfrac{6\pi c_1}{l}} \cdot \frac{125}{216};\quad \overline{A}_3 = \frac{\sin\dfrac{5\pi c_1}{l} + d_3 \sin\dfrac{6\pi c_1}{l}}{\dfrac{1}{l^3}(625 + 1296\, d_3^2)}$$

$$m = 4;\quad d_4 = \frac{-\cos\dfrac{7\pi c_1}{l}}{\cos\dfrac{8\pi c_1}{l}} \cdot \frac{343}{512};\quad A_4 = \frac{\sin\dfrac{7\pi c_1}{l} + d_4 \sin\dfrac{8\pi c_1}{l}}{\dfrac{1}{l^3}(2401 + 4096\, d_4^2)}.$$

$$\mathfrak{M}_x = \varepsilon \cdot \Theta \cdot B \left(\frac{\pi}{l}\right)^2 \left[\overline{A}_1 \left(\sin\frac{\pi x}{l} + 4 d_1 \sin\frac{2\pi x}{l}\right) + \overline{A}_2 \left(9 \sin\frac{3\pi x}{l}\right.\right.$$

$$\left. + d_2 \cdot 16 \sin\frac{4\pi x}{l}\right) + \overline{A}_3 \left(25 \sin\frac{5\pi x}{l} + 36 d_3 \cdot \sin\frac{6\pi x}{l}\right) + \overline{A}_4 \left(49 \sin\frac{7\pi x}{l}\right.$$

$$\left.\left. + 64 d_4 \sin\frac{8\pi x}{l}\right)\right] \quad \ldots\ldots\ldots\ldots \quad (66)$$

Es soll nun an einem Sonderfall noch gezeigt werden, daß die trigonometrische Reihe dieselben Momentenwerte liefert wie die Statik.

Für $c_1 = \frac{l}{2}$ ist das Biegungsmoment in der Trägermitte

$$\mathfrak{M}_m = \frac{P\,l}{4}.$$

Die Koeffizienten d_m und A_m nehmen folgende Werte an:

$$m = 1;\quad d_1 = 0;\quad \overline{A}_1 = l^3$$

$$m = 2;\quad d_2 = 0;\quad \overline{A}_2 = -\frac{l^3}{81}$$

$$m = 3;\quad d_3 = 0;\quad \overline{A}_3 = +\frac{l^3}{625}$$

$$m = 4;\quad d^4 = 0;\quad \overline{A}_4 = -\frac{l^3}{2401}$$

$$\mathfrak{M}_m = \frac{2P}{\pi^4}\, l^3 \cdot \left(\frac{\pi}{l}\right)^2 \left(1 + \frac{1}{3^2} + \frac{1}{5^2} + \ldots\ldots\right)$$

Der Wert dieser Reihe ist $\frac{\pi^2}{8}$, so daß auch die trigonometrische Reihe denselben Momentenwert $\mathfrak{M}_m = \frac{P\,l}{4}$ liefert, wie die Statik.

Die gewählte Reihe und die berechneten Werte A_m sind somit zu Berechnung des Mittelmomentes brauchbar.

Um nun zu prüfen, ob die Reihe auch für seitliche Belastung hinreichend genaue Werte liefert d. h. für praktische Zwecke hinreichend konvergent ist, soll noch ein Rechnungsbeispiel angeführt werden.

Zahlenbeispiel.

Es ist die Momentenlinie des in Fig. 12 dargestellten Trägers mit Hilfe der trigonometrischen Reihe zu bestimmen und mit dem Momentendreieck zu vergleichen.

$$c_1 = 3{,}00\,;\quad J_1 = 34{,}55\,t\,;\quad J_2 = 14.80\,t\,;\quad \frac{2\,P \cdot l}{\pi^2} = \frac{2 \cdot 49{,}35 \cdot 10}{9{,}87} = 100.$$

	Bogenmaß	Gradmaß	cos	sin
$\frac{\pi}{l}$	0,314	18°	0,951	0,309
$\frac{2\pi}{l}$	0,628	36°	0,809	0,588
$\frac{3\pi}{l}$	0,942	54°	0,588	0,809
$\frac{4\pi}{l}$	1,255	72°	0,309	0,951
$\frac{5\pi}{l}$	1,570	90°	0	1
$\frac{6\pi}{l}$	1,882	108°	– 0,309	0,951
$\frac{7\pi}{l}$	2,200	126°	– 0,588	0,809
$\frac{8\pi}{l}$	2,510	144°	– 0,809	0,588
$\frac{9\pi}{l}$	2,830	162°	– 0,951	0,309
$\frac{10\pi}{l}$	3,140	180°	– 1	0
$\frac{12\pi}{l}$		216°	– 0,809	– 0,588
$\frac{15\pi}{l}$		270°	0	– 1
$\frac{16\pi}{l}$		288°	0,309	– 0,951
$\frac{18\pi}{l}$		324°	0,809	– 0,588
$\frac{21\pi}{l}$		378°	0,951	0,309
$\frac{24\pi}{l}$		432°	0,309	0,951
$\frac{27\pi}{l}$		486°	– 0,588	0,809
$\frac{28\pi}{l}$		504°	– 0,809	0,588
$\frac{30\pi}{l}$		540°	– 1	0
$\frac{32\pi}{l}$		576°	– 0,809	– 0,588

$$m = 1;\quad d_1 = -\frac{1}{8}\cdot\frac{0{,}588}{0{,}309} = +\,0{,}237$$

$$A_1 = \frac{0{,}809 + 0{,}237\cdot 0{,}951}{1 + 16\cdot 0{,}237^2} = 0{,}541$$

$$m = 2;\quad d_2 = -\frac{-0{,}951}{-0{,}809}\cdot\frac{27}{64} = -\,0{,}396$$

$$\bar{A}_2 = \frac{0{,}309 + 0{,}396\cdot 0{,}588}{81 + 0{,}396^2\cdot 256} = 0{,}0064$$

$$m = 3;\quad d_3 = 0$$

$$\bar{A}_3 = \frac{-1}{625} = -\,0{,}0016$$

$$m = 4;\quad d_4 = -\frac{0{,}951\cdot 343}{0{,}309\cdot 512} = -\,2{,}06$$

$$\bar{A}_4 = \frac{0{,}309 - 2{,}06\cdot 0{,}951}{2401 + 2{,}06^2\cdot 4096} = -\,0{,}00083.$$

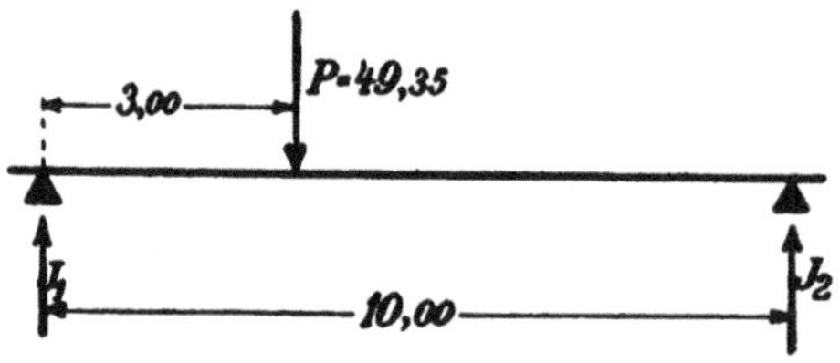

Fig. 12.

$x = 1$; Biegungsmoment $\mathfrak{M}_1$,

$$\mathfrak{M}_1 = 100\,[0{,}541\,(0{,}309 + 4\cdot 0{,}237\cdot 0{,}588) + 0{,}0064\,(9\cdot 0{,}809 - 16\cdot 0{,}951\cdot 0{,}396) - 0{,}0016\cdot 25 - 0{,}00083\,\,(49\cdot 0{,}809 - 2{,}06\cdot 64\cdot 0{,}588)] = 46{,}7\ mt$$

$x = 3$; Biegungsmoment $\mathfrak{M}_3$,

$$\mathfrak{M}_3 = 100\,[0{,}541\,(0{,}809 + 40{,}237\cdot 0{,}951) + 0{,}0064\,(9\cdot 0{,}309 + 0{,}396\cdot 0{,}588\cdot 16) + {} + (0{,}0016\cdot 25 - 0{,}00083\,(49\cdot 0{,}309 + 64\,(-\,2{,}06)\,0{,}951)] = 110{,}6\ mt$$

$x = 4$; Biegungsmoment $\mathfrak{M}_4$,

$$\mathfrak{M}_4 = 100\,[0{,}541\,(0{,}951 + 0{,}237\cdot 4\cdot 0{,}588) + 0{,}0064\,(-\,0{,}588 + 0{,}396\cdot 0{,}951\cdot 16) + 0 - 0{,}00083\,(49\cdot 0{,}588 + 2{,}06\cdot 0{,}588\cdot 64)] = 76{,}6\ mt$$

Folgende Zusammenstellung und Fig. 13 lassen die mit der trigonometrischen Reihe erreichte Annäherung erkennen.

	Biegungsmoment				
	nach der Statik	nach der trigonometrischen Reihe			
		mit einem	zwei	drei	vier Gliedern
$x = 1$	34,55 *mt*	46,8	47,6	43,6	46,7 *mt*
$x = 3$	**103,5 *mt***	**93,3**	**97,5**	**101,5**	**110,6 *mt***
$x = 4$	88,8 *mt*	81,9	85,4	85,4	76,6 *mt*
$x = 6$	59,2 *mt*	21,35	14,11	14,11	18,14 *mt*
$x = 8$	29,6 *mt*	− 16,88	− 9,01	− 9,01	+ 5,09 *mt*

Man sieht daraus, daß die Reihe mit vier Gliedern nur brauchbare Werte in der Nähe der Belastungsstelle also für das Maximalmoment liefert, dagegen für die entfernter liegenden Stellen keine genügende Annäherung an die wirklichen Werte der Biegungsmomente ergibt.

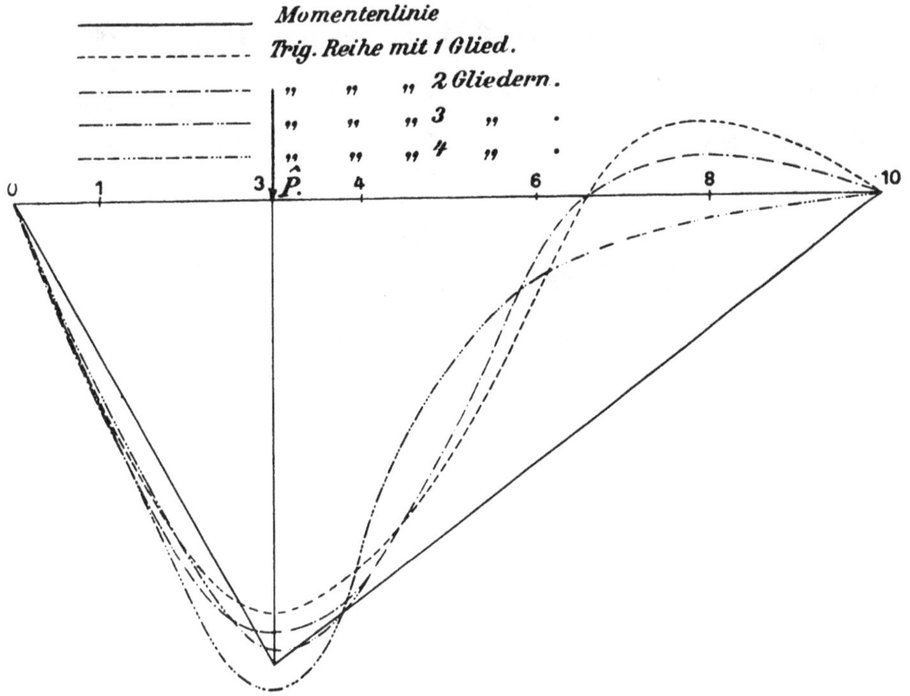

Fig. 13.

8. Die an vier Seiten freigelagerte rechteckige Platte mit einer Einzellast belastet.

Die rechteckige Platte sei an ihren vier Kanten mit den Stützweiten l_1 und l freigelagert. Der Angriffspunkt der senkrecht wirkenden Einzellast P sei durch seine Koordinaten $x = c_1$ und $y = c$ gegeben. Die xy-Ebene des Koordinatensystems liegt in der Plattenmitte, die x- und die y-Achse fallen je über eine Auflagerlinie.

Die elastische Fläche dieser Platte soll durch folgende doppelte unendliche trigonometrische Reihe dargestellt werden, deren Glieder einige Bedingungen erfüllen müssen.

$$z = \sum_{m'=1}^{m'=\infty} \sum_{n'=1}^{n'=\infty} A_{m'n'} \left(\sin \frac{(2m-1)\pi}{l_1} x + d_{m'} \cdot \sin \frac{2m'\pi x}{l_1}\right) \cdot$$

$$\cdot \left(\sin \frac{(2n'-1)\pi}{l} y + e_{n'} \cdot \sin \frac{2n'\pi}{l} y\right) \quad . \; . \; . \; . \; . \; . \; (67$$

Entsprechend den starren Auflagern muß für $x = o$ und $x = l_1$ und alle Werte von y $z = o$ sein, desgleichen für $y = o$ und $y = l$ und alle Werte von x.

Die vorgeschlagene trigonometrische Reihe erfüllt diese Bedingungen.

$$\frac{\partial z}{\partial x} = \sum_{m'=1}^{m'=\infty} \sum_{n'=1}^{n'=\infty} A_{m'n'} \cdot \frac{\pi}{l_1} \left((2m'-1) \cos \frac{(2m'-1)\pi}{l_1} x + d_{m'} \cdot 2m'\right.$$

$$\left. \cdot \cos \frac{2m'\pi}{l_1} x\right) \left(\sin \frac{(2n'-1)\pi}{l} \cdot y + e_{n'} \cdot \sin \frac{2n'\pi}{l} y\right).$$

Wegen der Auflagergeraden muß für $y = o$ und $y = l$ und jeden Wert von x $\frac{\partial z}{\partial x} = 0$ sein.

Die Bedingung wird erfüllt.

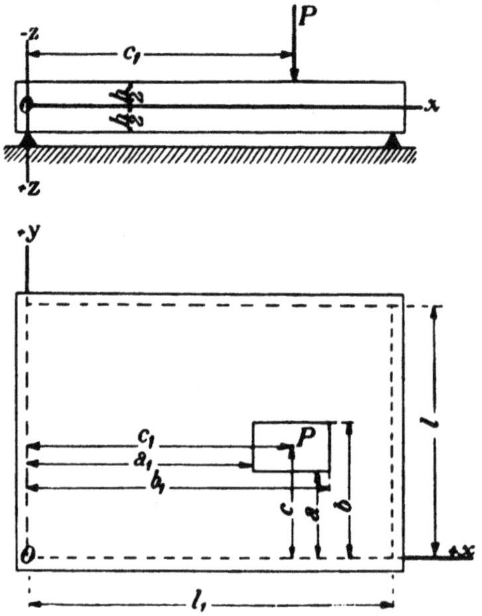

Fig. 14.

$$\frac{\partial z}{\partial y} = \sum_{m'=1}^{m'=\infty} \sum_{n'=1}^{n'=\infty} A_{m'n'} \left(\frac{\pi}{l}\right) \left(\sin \frac{(2m'-1)\pi}{l_1} x + d_{m'} \cdot \sin \frac{2m'\pi}{l_1} x\right)$$

$$\cdot \left((2n'-1) \cos \frac{(2n'-1)\pi}{l} y + 2n' \cdot e_{n'} \cdot \cos \frac{2n'\pi}{l} \cdot y\right).$$

Entsprechend dem oben Gesagten muß für $x = o$ und $x = l_1$ und jeden Wert von y $\frac{\partial z}{\partial x} = o$ sein. Diese Bedingung ist erfüllt.

$$\frac{\partial^2 z}{\partial x^2}=\sum_{m'=1}^{m'=\infty}\sum_{n'=1}^{n'=\infty}-A_{m'n'}\left(\frac{\pi}{l_1}\right)^2\left((2m'-1)^2\sin\frac{(2m'-1)\pi}{l_1}x+d_{m'}\right.$$

$$\left.\cdot(2m')^2\cdot\sin\frac{2m'\pi}{l_1}x\right)\cdot\left(\sin\frac{(2n'-1)\pi}{l}y+e_{n'}\sin\frac{2n'\pi}{l}\cdot y\right)\quad . \; . \; (68)$$

Da die Biegungsmomente an den Auflagern Null werden, ist

$$\frac{\partial^2 z}{\partial x^2}=0\begin{cases}\text{für } x=o \text{ und } x=l_1 \text{ und jeden Wert von } y,\\ \text{für } y=o \text{ und } y=l \text{ und jeden Wert von } x.\end{cases}$$

Diese Bedingungen werden von der gewählten trigonometrischen Reihe erfüllt.

$$\frac{\partial^2 z}{\partial y^2}=\sum_{m'=1}^{m'=\infty}\sum_{n'=1}^{n'=\infty}-A_{m'n'}\cdot\left(\frac{\pi}{l}\right)^2\left(\sin\frac{(2m'-1)\pi x}{l_1}+d_{m'}\sin\frac{2m'\pi x}{l_1}\right)$$

$$\cdot\left((2n'-1)^2\sin\frac{(2n'-1)\pi y}{l}+(2n')^2 e_{n'}\sin\frac{2n'\pi}{l}y\right)\quad . \; . \; . \; (69)$$

Auch hier werden die zu stellenden Bedingungen erfüllt.

$$\frac{\partial^2 z}{\partial y^2}=0\begin{cases}\text{für } y=0 \text{ und } y=l \text{ und jeden Wert von } x.\\ \text{für } x=0 \text{ und } x=l_1 \text{ und jeden Wert von } y.\end{cases}$$

Zur Bestimmung der unbekannten Größen $d_{m'}$ und $e_{n'}$ kann die Tatsache benützt werden, daß an der Lastangriffsstelle das größte Biegungsmoment ist und seine Komponenten parallel zur x- und y-Achse am größten sind. Es müssen also an der Lastangriffsstelle $\frac{\partial^2 z}{\partial x^2}$ und $\frac{\partial^2 z}{\partial y^2}$ ein Maximum und deshalb $\frac{\partial^3 z}{\partial x^3}$ sowie $\frac{\partial^3 z}{\partial y^3}$ Null werden.

$$\frac{\partial^3 z}{\partial x^3}=\sum_{m'=1}^{m'=\infty}\sum_{n'=1}^{n'=\infty}-A_{m'n'}\left(\frac{\pi}{l_1}\right)^3\left((2m'-1)^3\cos\frac{(2m'-1)}{l_1}\pi x\right.$$

$$\left.+d_{m'}(2m')^3\cos\frac{2m'\pi}{l^2}x\right)\cdot\left(\sin\frac{2n'-1}{l}\pi y+e_{n'}\sin\frac{2n'}{l}\pi y\right),$$

$$\frac{\partial^3 z}{\partial y^3}=\sum_{m'=1}^{m'=\infty}\sum_{n'=1}^{n'=\infty}-A_{m'n'}\left(\frac{\pi}{l}\right)^3\left(\sin\frac{2m'-1}{l_1}\pi x+d_{m'}\sin\frac{2m'}{l_1}\pi x\right)$$

$$\cdot\left((2n'-1)^3\cos\frac{2n'-1}{l}\pi y+e_{n'}\cdot(2n')^3\cos\frac{2n'\pi}{l}y\right).$$

Diese Ausdrücke werden für $x=c_1$ und $y=c$ Null, wenn

$$(2m'-1)^3\cos\frac{2m'-1}{l_1}\pi c_1+d_{m'}(2m')^3\cos\frac{2m'\pi}{l_1}c_1=0,$$

$$d_{m'}=-\frac{\cos\frac{2m'-1}{l_1}\pi\cdot c_1}{\cos\frac{2m'}{l_1}\pi\cdot c_1}\cdot\frac{(2m'-1)^3}{(2m')^3}\quad , \; . \; . \; . \; . \; (70)$$

$$(2n'-1)^3 \cos\frac{2n'-1}{l}\pi c + e_{n'}(2n')^3\cos\frac{2n'\pi}{l}c = 0,$$

$$e_{n'} = -\frac{\cos\frac{2n'-1}{l}\pi c}{\cos\frac{2n'}{l}\pi\cdot c}\cdot\frac{(2n'-1)^3}{(2n')^3} \quad . \quad . \quad . \quad . \quad . \quad (71)$$

Aus den beiden Gleichungen 70) und 71) können somit die beiden Größen $d_{m'}$ und $e_{n'}$ berechnet werden.

Die elastische Energie (innere Arbeit) $\mathfrak{A}$ der Platte ist nach Gleichung 9)

$$\mathfrak{A} = \frac{1}{2}\int_0^{l_1}\int_0^{l}\left(1-\frac{1}{m^2}\right)\frac{\alpha_0^2\cdot h^3}{12\cdot\varepsilon}\left[\left(\frac{\partial^2 z}{\partial x^2}\right)^2+\left(\frac{\partial^2 z}{\partial y^2}\right)^2+\frac{2}{m}\cdot\frac{\partial^2 z}{\partial x^2}\cdot\frac{\partial^2 z}{\partial y^2}\right]dx\,dy. \quad (72)$$

Für die partiellen Ableitungen sind die obenentwickelten trigonometrischen Reihen einzusetzen und die Integration ist sodann gliedweise durchzuführen.

$$\int_0^{l_1}\int_0^{l}\left(\frac{\partial^2 z}{\partial x^2}\right)^2 dx\,dy = \int_0^{l_1}\int_0^{l}\left[\sum_{m'=1}^{m'=\infty}\sum_{n'=1}^{n'=\infty} A^2_{m'n'}\left[\left(\frac{\pi}{l_1}\right)^2\left(2m'-1\right)^2\sin\frac{(2m'-1)\pi}{l_1}x\right.\right.$$

$$\left.\left. + (2m')^2 d_{m'}\cdot\sin\frac{2m'\pi}{l_1}x\right)\left(\sin\frac{(2n'-1)\pi}{l}y + e_{n'}\cdot\sin\frac{2n'\pi}{l}y\right)\right]^2 dx\,dy.$$

Die quadratischen Glieder dieses Ausdruckes haben die Form

$$\int_0^{l_1}\int_0^{l}\sum_{m'=n'=1}^{m'=n'=\infty}\sum A^2_{m'n'}\cdot\left(\frac{\pi}{l_1}\right)^4\left[(2m'-1)^4\sin^2\frac{2m'-1}{l_1}\pi x\right.$$

$$\left. + 2(2m'-1)^2(2m')^2 d_{m'}\sin\frac{2m'-1}{l_1}\pi x\cdot\sin\frac{2m'\pi}{l_1}x + d^2_{m}\cdot(2m')^4\sin^2\frac{2m'\pi}{l_1}x\right]$$

$$\cdot\left[\sin\frac{(2n'-1)\pi}{l}y + e_{n'}\cdot\sin\frac{2n'\pi}{l}y\right]^2 dx\,dy.$$

Es sind also folgende Integrale zu bilden:

$$(2m'-1)^4\int_0^{l_1}\int_0^{l}\sin^2\frac{(2m'-1)\pi}{l_1}x\cdot\sin^2\frac{(2n'-1)\pi}{l}y\cdot dx\cdot dy = \frac{ll_1}{4}\cdot(2m'-1)^4,$$

$$(2m'-1)^4\int_0^{l_1}\int_0^{l}\sin^2\frac{(2m'-1)\pi}{l_1}x\cdot 2\cdot e_{n'}\cdot\sin\frac{(2n'-1\pi}{l}y\cdot\sin\frac{2n'\pi}{l}y\,dx\cdot dy = 0,$$

$$(2m'-1)^4\int_0^{l_1}\int_0^{l}\sin^2\frac{(2m'-1)\pi}{l}x\cdot e_{n'}^2\cdot\sin^2\frac{2n'\pi}{l}y\,dx\cdot dy = \frac{l_1 l}{4}\cdot e_{n'}^2\cdot(2m'-1)^4,$$

$$2d_{m'}\int_0^{l_1}\int_0^{l}\sin\frac{(2m'-1)\pi x}{l_1}\cdot\sin\frac{2m'\pi}{l_1}x\cdot\sin^2\frac{n'\pi}{l}y\,dx\cdot dy = 0.$$

Ebenso werden die beiden anderen die Größe $2 \cdot d_{m'}$ enthaltenden Integrale Null.

$$(2m')^4 d_{m'}^2 \int_0^{l_1}\int_0^{l} \sin^2 \frac{2m'\pi}{l_1} x \sin^2 \frac{(2n'-1)}{l} y\, dx \cdot dy = \frac{ll_1}{4} \cdot 16 d_{m'}^2 = \frac{ll_1}{4} \cdot d_{m'}^2 \cdot (2m')^4,$$

$$(2m')^4 d_{m'}^2 \int_0^{l_1}\int_0^{l} \sin^2 \frac{2m'\pi}{l_1} x \cdot 2 \cdot e_{n'} \cdot \sin \frac{(2n'-1)}{l} y \cdot \sin \frac{2'n\pi}{l} y \cdot dx \cdot dy = 0,$$

$$(2m')^4 d_{m'}^2 \int_0^{l_1}\int_0^{l} \sin^2 \frac{2m'\pi}{l_1} x \cdot e_{n'}^2 \cdot \sin^2 \frac{2n'\pi}{l} y\, dx \cdot dy = \frac{ll_1}{4} d_{m'}^2 \cdot e_{n'}^2 \cdot (2m')^4.$$

Die Doppelglieder des Quadrates enthalten Integrale von der Form

$$\int_0^{l} \sin \frac{(2m'-1)\pi}{l_1} x \cdot \sin \frac{(2m'+2r-1)}{l_1} \pi\, x \cdot dx = 0$$

und werden deshalb sämtlich Null, so daß von dem Quadrat nur die quadratischen Glieder übrig bleiben.

$$\int_0^{l_1}\int_0^{l} \left(\frac{\partial^2 z}{\partial x^2}\right)^2 \cdot dx \cdot dy = \frac{ll_1}{4} \cdot \sum_{m'=1}^{m'=\infty}\sum_{n'=1}^{n'=\infty} A^2_{m'n'} \cdot \left(\frac{\pi}{l_1}\right)^4 [(2m'-1)^4 + e_{n'}^2 (2m'-1)^4$$
$$+ d_{m'}^2 \cdot (2m')^4 + d_{m'}^2 \cdot e_{n'}^2 \cdot (2m')^4].$$

Durch Vertauschung von l_1 und l sowie m' und n', $e_{n'}$ und $d_{m'}$ erhält man

$$\int_0^{l_1}\int_0^{l} \left(\frac{\partial^2 z}{\partial y^2}\right)^2 \cdot dx \cdot dy = \frac{ll_1}{4} \cdot \sum_{m'=1}^{m'=\infty}\sum_{n'=1}^{n'=\infty} A^2_{m'n'} \left(\frac{\pi}{l}\right)^4 [(2n'-1)^4 + d_{m'}^2 (2n'-1)^4$$
$$+ e_{n'}^2 \cdot (2n')^4 + e_{n'}^2 \cdot d_{m'}^2 \cdot (2n')^4].$$

Für die elastische Energie $\mathfrak{A}$ ist nunmehr noch das Doppelglied der Gleichung 72) zu betrachten.

$$\int_0^{l_1}\int_0^{l} \frac{\partial^2 z}{\partial x^2} \cdot \frac{\partial^2 z}{\partial y^2} dx \cdot dy = \int_0^{l_1}\int_0^{l} \sum_{m'=1}^{m'=\infty}\sum_{n'=1}^{n'=\infty} A_{m'n'} \left(\frac{\pi}{l_1}\right)^2$$
$$\cdot \left((2m'-1)^2 \sin \frac{(2m'-1)\pi x}{l_1} + (2m')^2 d_{m'} \cdot \sin \frac{2m'\pi}{l_1} x\right)$$
$$\cdot \left(\sin \frac{(2n'-1)\pi}{l} y + e_{n'} \cdot \sin \frac{2n'\pi}{l} y\right) \cdot \sum_{m'=1}^{m'=\infty}\sum_{n'=1}^{n'=\infty} A_{m'n'} \left(\frac{\pi}{l}\right)^2$$
$$\cdot \left(\sin \frac{(2m'-1)\pi}{l_1} x + d_{m'} \sin \frac{2m'\pi}{l_1} x\right)$$
$$\cdot \left((2n'-1)^2 \sin \frac{(2n'-1)\pi}{l} y + (2n')^2 e_{n'} \cdot \sin \frac{2n'\pi}{l} y\right) \cdot dx \cdot dy.$$

Von den quadratischen Gliedern des Produktes werden diejenigen Teile Null, welche Integrale von der Form

$$\int_0^{l_1} \sin \frac{(2m'-1)\pi}{l_1} x \cdot \sin \frac{2m'\pi}{l_1} x\, d x$$

enthalten.

Es bleibt daher nur der Ausdruck übrig

$$\int_0^{l_1}\int_0^{l} \sum_{m'=1}^{m'=\infty} \sum_{n'=1}^{n'=\infty} A^2_{m'n'} \left(\frac{\pi}{l_1}\right)^2 \left(\frac{\pi}{l}\right)^2$$

$$\cdot \left[(2m'-1)^2 \sin^2 \frac{(2m'-1)\pi}{l_1} x + (2m')^2 d_{m'}{}^2 \sin^2 \frac{2m'\pi}{l_1} x\right]$$

$$\cdot \left[(2n'-1)^2 \sin^2 \frac{(2n'-1)\pi}{l} y + (2n')^2 e_{n'}{}^2 \sin^2 \frac{2n'\pi}{l} y\right] \cdot d x\, d y$$

Hierzu sind folgende Integrale zu bilden:

$$(2m'-1)^2 (2n'-1)^2 \cdot \int_0^{l_1}\int_0^{l} \sin^2 \frac{(2m'-1)\pi x}{l_1} \sin^2 \frac{(2n'-1)\pi}{l_1} y \cdot d x\, d y$$

$$= \frac{l\, l_1}{4} \cdot (2m'-1)^2 \cdot (2n'-1)^2,$$

$$(2m'-1)^2 \cdot (2n')^2 \int_0^{l_1}\int_0^{l} \sin^2 \frac{(2m'-1)\pi x}{l_1} \cdot e_{n'}{}^2 \cdot \sin^2 \frac{2n'\pi}{l} y \cdot d x\, d y$$

$$= e_{n'}{}^2 \cdot \frac{l \cdot l_1}{4} \cdot (2m'-1)^2 \cdot (2n')^2,$$

$$(2m')^2 \cdot (2n'-1)^2 \int_0^{l_1}\int_0^{l} d_{m'}{}^2 \sin^2 \frac{2m'\pi}{l_1} x \cdot \sin^2 \frac{(2n'-1)\pi}{l} y\, d x\, d y$$

$$= d_{m'}{}^2 \frac{l\, l_1}{4} (2m')^2 (2n'-1)^2,$$

$$(2m')^2 \cdot (2n')^2 \int_0^{l_1}\int_0^{l} d_{m'}{}^2 \sin^2 \frac{2m'\pi}{l_1} x \cdot e_{n'}{}^2 \sin^2 \frac{2n'\pi}{l} y\, d x\, d y$$

$$= d_{m'}{}^2 \cdot e_{n'}{}^2\, l\, l_1 \cdot (2m')^2 \cdot (2n')^2.$$

Die Doppelglieder des Produktes ($A_{m'n'} \cdot A_{m'+r,\, n'+s}$) werden Null, da sie sämtlich Integrale von der Form

$$\int_0^{l_1} \sin \frac{m'\pi x}{l_1} \sin \frac{m'+r}{l_1} \pi \cdot x\, d x$$

enthalten.

$$\int_0^{l_1}\int_0^{l}\frac{\partial^2 z}{\partial x^2}\cdot\frac{\partial^2 z}{\partial y^2}\,dx\cdot dy=\sum_{m'=1}^{m'=\infty}\sum_{n'=1}^{n'=\infty}A^2_{m'n'}\left(\frac{\pi}{l_1}\right)^2\left(\frac{\pi}{l}\right)^2\cdot\frac{l\,l_1}{4}$$

$$\cdot[(2m'-1)^2(2n'-1)^2+e_{n'}^2(2m'-1)^2(2n')^2+d_{m'}^2(2m')^2(2n'-1)^2+d_{m'}^2\cdot e_{n'}^2 4\,(2m)^2(2n')^2].$$

Der Ausdruck für die elastische Energie $\mathfrak{A}$ der Platte lautet also

$$\mathfrak{A}=\frac{\left(1-\frac{1}{m^2}\right)a_0^2\cdot h^3}{2\cdot 12\cdot\varepsilon}\left[\frac{l\,l_1}{4}\cdot\pi^4\left(\sum_{m'=n'=1}^{m'=n'=\infty}\sum A^2_{m'n'}\left(\frac{1}{l_1}\right)^4\right.\right.$$

$$\cdot[(2m'-1)^4+e_{n'}^2(2m'-1)^4+d_{m'}^2(2m')^4+d_{m'}^2\cdot e_{n'}^2(2m')^4]$$

$$\left.+\sum_{m'=n'=1}^{m'=n'=\infty}\sum A^2_{m'n'}\left(\frac{1}{l}\right)^4[(2n'-1)^4+d_{m'}^2(2n'-1)^4+e_{n'}^2(2n')^4+e_{n'}^2\cdot d_{m'}^2(2n')^4]\right)$$

$$+\frac{2}{m}\cdot\frac{l\,l_1}{4}\pi^4\cdot\sum_{m'=n'=1}^{m'=n'=\infty}\sum A^2_{m'n'}\left(\frac{1}{l_1}\right)^2\cdot\left(\frac{1}{l_1}\right)^2\cdot[(2m'-1)^2(2n'-1)^2$$

$$+e_{n'}^2(2m'-1)^2(2n')^2+d_{m'}^2(2m')^2(2n'-1)^2\,d_{m'}^2\cdot e_{n'}^2 4\cdot(2m')^2(2n')^2].\quad(73)$$

Die Arbeit der äußeren Kräfte $\mathfrak{T}$ beschränkt sich wegen der Starrheit der Auflager auf die Arbeit der Last P.

$$\mathfrak{T}=\frac{P}{2}\cdot z_{cc_1}=\frac{P}{2}\cdot\sum_{m'=n'=1}^{m'=n'=\infty}\sum A_{m'n'}\left(\sin\frac{(2m'-1)\,c_1}{l_1}\pi+d_{m'}\sin\frac{2m'\,c_1}{l_1}\pi\right)$$

$$\left(\sin\frac{(2n'-1)\,c}{l}\pi+e_{n'}\sin\frac{2n'\,c}{l}\pi\right)\;.\;.\;.\;.\;.\;.\quad(74)$$

$$\mathfrak{A}=-\mathfrak{T}.$$

Zur Kürzung sollen folgende Bezeichnungen eingeführt werden:

$$\left.\begin{aligned}D_{m'n'}&=(2m'-1)^4+d_{m'}^2(2m')^4+e_{n'}^2(2m'-1)^4+d_{m'}^2\cdot e_{n'}^2(2m')^4\\E_{m'n'}&=(2n'-1)^4+d_{m'}^2(2n'-1)^4+e_{n'}^2(2n')^4+e_{n'}^2\cdot d_{m'}^2(2n')^4\\F_{m'n'}&=(2m'-1)^2(2n'-1)^2+e_{n'}^2(2m'-1)^2\cdot(2n')^2+d_{m'}^2(2m')^2(2n'-1)^2\\&\quad+d_{m'}^2\cdot e_{n'}^2(2m')^2(2n')^2\end{aligned}\right\}\quad(75)$$

$$P\cdot\frac{48\cdot\varepsilon}{\left(1-\frac{1}{m^2}\right)\cdot a_0^2\cdot h^3\,l\,l_1\cdot\pi^4}=\frac{\frac{1}{l_1^4}\cdot\sum_{m'=n=1}^{m'=n=\infty}\sum A^2_{m'n'}\cdot D_{m'n'}+\frac{1}{l^4}\sum_{m'=n'=1}^{m'=n'=\infty}\sum A^2_{m'n'}\cdot E_{m'n'}}{}$$

$$\frac{+\frac{2}{m}\cdot\frac{1}{l_1^2\,l^2}\cdot\sum_{m'=n'=1}^{m'=n'=\infty}\sum A^2_{m'n'}\cdot F_{m'n'}}{\sum_{m'=n'=1}^{m'=n'=\infty}\sum A_{m'n'}\left(\sin\frac{(2m'-1)\,\pi}{l_1}c_1+d_{m'}\sin\frac{2m'\,\pi}{l_1}c_1\right)\left(\sin\frac{(2n'-1)\pi}{l}c+e_{n'}\cdot\sin\frac{2n'\pi}{l}c\right)}=\frac{Z}{N}.$$

Die Größen $A_{m'n'}$ sollen wie in den früheren Fällen P zu einem Minimum machen.

$$\frac{\partial P}{\partial A_{m'n'}}=0=\left[2\,A_{m'n'}\cdot\frac{1}{l_1^4}\cdot D_{m'n'}+2\,A_{m'n'}\cdot\frac{1}{l^4}\cdot E_{m'n'}+2\,A_{m'n'}\cdot\frac{2}{m}\cdot\frac{1}{l^2\,l_1^2}\cdot F_{m'n'}\right]$$

$$\cdot N-\left(\sin\frac{(2m'-1)\,\pi}{l_1}c_1+d_{m'}\sin\frac{2m'\,\pi}{l_1}c_1\right)\left(\sin\frac{(2n'-1)\,\pi\,c}{l}+e_{n'}\sin\frac{2n'\pi}{l}c\right)\cdot Z,$$

$$\frac{Z}{N} = B = \frac{P \cdot 48 \cdot \varepsilon}{\left(1 - \frac{1}{m^2}\right) \omega_0^2 \cdot h^3 l l_1 \pi^4},$$

$$A_{m'n'} = \frac{B\left(\sin\frac{(2m'-1)\pi c_1}{l_1} + d_{m'} \sin\frac{2m'\pi c_1}{l_1}\right)\left(\sin\frac{(2n'-1)\pi c}{l} + e_{n'} \cdot \sin\frac{2n'\pi c}{l}\right)}{\left(\frac{1}{l_1}\right)^4 \cdot D_{m'n'} + \left(\frac{1}{l}\right)^4 \cdot E_{m'n'} + \frac{1}{l_1^2 l^2} \cdot \frac{2}{m} \cdot F_{m'n'}} \cdot \frac{\lambda}{2} \quad (76)$$

Der Faktor λ ist, wie nun schon öfter gezeigt, gegeben,

$$\lambda = 2.$$

$$\bar{A}_{m'n'} = \frac{A_{m'n'}}{B}.$$

Es können somit die Beiwerte $A_{m'n'}$ und damit die Ordinaten der elastischen Fläche und ihre beiden ersten Ableitungen berechnet werden.

Berücksichtigt man die vier ersten Glieder der trigonometrischen Reihen, so sind folgende Beiwerte zu bilden:

$\underline{m' = 1, \quad n' = 1,}$

$$d_1 = \frac{-\cos\frac{\pi}{l_1} c_1}{8 \cos\frac{2\pi}{l_1} \cdot c_1}, \qquad e_1 = \frac{-\cos\frac{\pi}{l} c}{8 \cos\frac{2\pi}{l} c},$$

$$D_{11} = 1 + 16 d_1^2 + e_1^2 + 16 d_1^2 e_1^2, \qquad E_{11} = 1 + d_1^2 + 16 e_1^2 + 16 d_1^2 e_1^2,$$

$$F_{11} = 1 + 4 d_1^2 + 4 e_1^2 + 16 d_1^2 e_1^2,$$

$$\bar{A}_{11} = \frac{\left(\sin\frac{\pi c_1}{l_1} + d_1 \sin\frac{2\pi}{l_1} c_1\right)\left(\sin\frac{\pi}{l} c + e_1 \sin\frac{2\pi}{l} c\right)}{\frac{1}{l_1^4} \cdot D_{11} + \frac{1}{l^4} \cdot E_{11} + \frac{1}{l_1^2 l^2} \cdot \frac{2}{m} \cdot F_{11}};$$

$\underline{m' = 1, \quad n' = 2,}$

$$d_1 = \frac{-\cos\frac{\pi c_1}{l}}{8 \cdot \cos\frac{2\pi}{l} c_1}, \qquad e_2 = \frac{-\cos\frac{3\pi}{l} \cdot c}{\cos\frac{4\pi}{l} \cdot c} \cdot \frac{27}{64},$$

$$D_{12} = 1 + 16 d_1^2 + e_2^2 + 16 d_1^2 e_2^2, \qquad E_{12} = 81 + 81 d_1^2 + 256 e_2^2 + 256 d_1^2 e_2^2,$$

$$F_{12} = 9 + 16 d_1^2 + 36 e_2^2 \, 64 d_1^2 e_2^2,$$

$$\bar{A}_{12} = \frac{\left(\sin\frac{\pi c_1}{l_1} + d_1 \sin\frac{2\pi c_1}{l_1}\right)\left(\sin\frac{3\pi}{l} c + e_2 \cdot \sin\frac{4\pi}{l} c\right)}{\frac{1}{l_1^4} D_{12} + \left(\frac{1}{l}\right)^4 \cdot E_{12} + \frac{1}{l_1^2 l^2} \cdot \frac{2}{m} \cdot F_{12}};$$

$m' = 2, \quad n' = 1,$

$$d_2 = \frac{-\cos\frac{3\pi}{l}\cdot c_1}{\cos\frac{4\pi}{l}\cdot c_1}\cdot\frac{27}{64}, \qquad e_1 = \frac{-\cos\frac{\pi}{l}\cdot c}{8\cdot\cos\frac{2\pi}{l}c},$$

$$D_{21} = 81 + 256\,d_2^2 + 81\,e_1^2 + 256\,d_2^2\cdot e_1^2, \quad E_{21} = 1 + d_2^2 + 16\,e_1^2 + 16\,d_2^2\,e_1^2,$$
$$F_{21} = 9 + 36\,d_2^2 + 16\,e_1^2\,64\,d_2^2\,e_1^2,$$

$$A_{21} = \frac{\left(\sin\frac{3\pi}{l_1}c_1 + d_2\cdot\sin\frac{4\pi}{l_1}c_1\right)\left(\sin\frac{\pi}{l}c + e_1\cdot\sin\frac{2\pi}{l}\cdot c\right)}{\left(\frac{1}{l_1}\right)^4\cdot D_{21} + \frac{1}{l^4}E_{22} + \frac{1}{l_1^2\,l^2}\cdot\frac{2}{m}F_{22}};$$

$m' = 2, \quad n' = 2,$

$$d_2 = \frac{-\cos\frac{3\pi}{l_1}\cdot c_1}{\cos\frac{4\pi}{l_1}\cdot c_1}\cdot\frac{27}{64}, \qquad e_2 = \frac{-\cos\frac{3\pi}{l}\cdot c}{\cos\frac{4\pi}{l}\cdot c}\cdot\frac{27}{64},$$

$$D_{22} = 81 + 256\,d_2^2 + 81\,e_2^2 + 256\,d_2^2\cdot e_2^2, \quad E_{22} = 81 + 81\,d_2^2 + 256\,e_2^2$$
$$+ 256\,d_2^2\cdot e_2^2, \quad F_{22} = 81 + 144\,d_2^2 + 144\,e_2^2 + 256\,d_2^2\cdot e_2^2,$$

$$A_{22} = \frac{\left(\sin\frac{3\pi}{l_1}c_1 + d_2\sin\frac{4\pi}{l_1}c_1\right)\left(\sin\frac{3\pi}{l}c + e_2\cdot\sin\frac{4\pi}{l}\cdot c\right)}{\left(\frac{1}{l_1}\right)^4\cdot D_{22} + \left(\frac{1}{l}\right)^4\cdot E_{22} + \frac{1}{l_1^2\,l^2}\cdot\frac{2}{m}\cdot F_{22}}.$$

Nachdem so die unbekannten Koeffizienten $A_{m'n'}$ berechnet sind, können die zweiten Differentialquotienten der elastischen Fläche und mit diesen nach den Gleichungen 1) die Oberflächenspannungen σ_{xo} und σ_{yo} berechnet werden.

$$\sigma_{xo} = \varepsilon\cdot\frac{m^2}{m^2-1}\cdot\frac{h}{2}\pi^2\cdot B\left(\sum_{m'=1}^{m'=\infty}\sum_{n'=1}^{n'=\infty} -\bar{A}_{m'n'}\left(\frac{1}{l_1}\right)^2\left((2m'-1)^2\sin\frac{(2m'-1)\pi x}{l_1}\right.\right.$$
$$\left. + d_{m'}\cdot(2m')^2\sin\frac{2m'\pi}{l_1}x\right)\cdot\left(\sin\frac{(2n'-1)\pi}{l}y + e_{n'}\cdot\sin\frac{2n'\pi}{l}y\right)$$
$$+ \frac{1}{m}\sum_{m'=n'=1}^{m'=n'=\infty} -\bar{A}_{m'n'}\cdot\left(\sin\frac{(2m'-1)\pi}{l_1}x\right.$$
$$\left.+ d_{m'}\sin\frac{2m'\pi}{l_1}x\right)\left(\frac{1}{l}\right)^2\left((2n'-1)^2\sin\frac{(2n'-1)\pi}{l}y + (2n')^2\cdot e_{n'}\sin\frac{2n'\pi}{l}y\right),$$

$$\frac{\varepsilon m^2}{m^2-1}\cdot\frac{h}{2}\pi^2\cdot B = \frac{P\cdot 24}{h^2\cdot l\,l_1\cdot\pi^2}.$$

$$\left.\begin{aligned}
\sigma_{xo} = \frac{P \cdot 24}{h^2 \cdot l l_1 \cdot \pi^2} \Bigg[& \sum_{m'=n'=1}^{m'=n'=\infty} \sum - \bar{A}_{m'n'} \cdot \left(\frac{1}{l_1}\right)^2 \left((2m'-1)^2 \sin \frac{(2m'-1)\pi}{l} x \right. \\
& \left. + d_{m'} (2m')^2 \cdot \sin \frac{2m'\pi}{l_1} x \right) \left(\sin \frac{(2n'-1)\pi}{l} y + e_{n'} \sin \frac{2n'\pi}{l} y \right) \\
& + \frac{1}{m} \sum_{m'=n'=1}^{m'=n'=\infty} \sum - \bar{A}_{m'n'} \left(\sin \frac{(2m'-1)\pi}{l_1} x + d_{m'} \sin \frac{2m'\pi}{l_1} x \right) \left(\frac{1}{l}\right)^2 \\
& \cdot \left((2n'-1)^2 \sin \frac{(2n'-1)\pi}{l} y + (2n')^2 \cdot e_{n'} \sin \frac{2n'\pi}{l} \cdot y \right) \Bigg]; \\
\sigma_{yo} = \frac{P \cdot 24}{h^2 l l_1 \cdot \pi^2} \Bigg[& \sum_{m'=n'=1}^{m'=n'=\infty} \sum - \bar{A}_{m'n'} \left(\frac{1}{l}\right)^2 \left(\sin \frac{(2m'-1)\pi}{l_1} x \right. \\
& \left. + d_{m'} \cdot \sin \frac{2m'\pi}{l_1} x \right) \left((2n'-1)^2 \sin \frac{(2n'-1)\pi}{l} y + (2n')^2 \cdot e_{n'} \sin \frac{2n'\pi}{l} y \right) \\
& + \frac{1}{m} \sum_{m'=n'=1}^{m'=n'=\infty} \sum - \bar{A}_{m'n'} \left((2m'-1)^2 \sin \frac{(2m'-1)\pi}{l_1} x + d_{m'} (2m')^2 \sin \frac{2m'x}{l_1} x \right) \\
& \left(\frac{1}{l_1}\right)^2 \left(\sin \frac{2n'-1)\pi}{l} y + e_{n'} \cdot \sin \frac{2n'\pi}{l} y \right) \Bigg].
\end{aligned}\right\} \quad (77)$$

Betrachtet man den Sonderfall, daß die Last in der Plattenmitte angreift, so ist:

$$c_1 = \frac{l_1}{2}, \quad c = \frac{l}{2}, \quad d_{m'} = e_{n'} = 0;$$

$$D_{m'n'} = (2m'-1)^4, \quad E_{m'n'} = (2n'-1)^4,$$

$$F_{m'n'} = (2m'-1)^2 (2n'-1)^2;$$

$$A_{m'n'} = \frac{B \cdot (-1)^{m'+n'}}{\frac{1}{l_1^4} \cdot D_{m'n'} + \frac{1}{l_4} \cdot E_{m'n'} + \frac{1}{l^2 l_1^2} \cdot \frac{2}{m} F_{m'n'}}, \qquad \bar{A}_{m'n'} = \frac{A_{m'n'}}{B};$$

$$\sigma_{xo} = \frac{P \cdot 24}{l l_1 \cdot h^2 \pi^2} \left(\sum_{m'=1}^{m'=\infty} \sum_{n'=1}^{n'=\infty} - \bar{A}_{m'n'} \cdot \frac{1}{l_1^2} (2m'-1)^2 (-1)^{m'+n'} \right.$$
$$\left. + \frac{1}{m} \cdot \sum_{m'=1}^{m'=\infty} \sum_{n'=1}^{n'=\infty} - \bar{A}_{m'n'} \cdot \frac{1}{l^2} (2n'-1)^2 (-1)^{m'+n'} \right).$$

Setzt man $\bar{A}_{m'n'}$ in diese Gleichung ein, zieht die beiden Reihen in eine zusammen und setzt $\frac{l}{l_1} = \mu$, so erhält man

$$\sigma_{xo} = \frac{P \cdot 24}{h^2 \cdot \mu \cdot \pi^2} \cdot \sum_{m'=1}^{m'=\infty} \sum_{n'=1}^{n'=\infty} \frac{(2m'-1)^2 + \frac{1}{m}\left(\frac{2n'-1}{\mu}\right)^2}{(2m'-1)^4 + \left(\frac{2n'-1}{\mu}\right)^4 + \frac{2}{m}\left(\frac{(2m'-1)(2n'-1)}{\mu}\right)^2}.$$

Das würde heißen, daß die Spannung von den Stützweiten unabhängig ist. Dies ist nur möglich, wenn die Oberflächenspannung für die in einem Punkt angreifende Kraft unendlich groß ist. Dieses Resultat darf nicht überraschen, nachdem für die kreisförmige Platte mit einer Einzellast im Mittelpunkt schon erwiesen ist, daß die Oberflächenspannung für die Plattenmitte unendlich groß ist[1]). Die Doppelreihe für σ_{xo} ist also in diesem Falle divergent.

Da nun praktisch auch keine in einem mathematischen Punkt angreifende Einzellast vorkommt, ist der Fall zu betrachten, daß die Last auf eine verhältnismäßig kleine Fläche verteilt ist, auf welcher sie gleichmäßig verteilt angenommen werden kann. Ich setzte voraus, daß sie auf ein kleines Rechteck gleichmäßig verteilt ist, dessen Seiten den Plattenrändern parallel sind (vgl. Fig. 14).

Die Last auf die Flächeneinheit sei π_1

$$\pi_1 = \frac{P}{(b_1 - a_1)(b - a)}.$$

Die Deformationsarbeit $\mathfrak{T}$ der äußeren Kräfte ist

$$\mathfrak{T} = \frac{\pi_1}{2} \int_{a_1}^{b_1}\int_{a}^{b} \sum_{m'=1}^{m'=\infty} \sum_{n'=1}^{n'=\infty} A_{m'n'} \left(\sin \frac{2m'-1}{l_1} x\pi + d_{m'} \cdot \sin \frac{2m'x}{l_1}\pi\right)$$

$$\cdot \left(\sin \frac{2n'-1}{l} \pi y + e_{n'} \cdot \sin \frac{2n'\pi}{l} y\right) dy\, dx,$$

$$\int_{a_1}^{b_1} \sin \frac{2m'-1}{l_1} x\pi \cdot dx = - \frac{l_1}{(2m'-1)\pi} \left(\cos \frac{2m'-1}{l_1} \pi b_1 - \cos \frac{2m'-1}{l_1} \pi \cdot a_1\right).$$

Die Gleichung 74) nimmt somit folgende Form an

$$\mathfrak{T} = \frac{\pi_1}{2} \cdot \frac{ll_1}{\pi^2} \cdot \sum_{m'=1}^{m'=\infty} \sum_{n'=1}^{n'=\infty} - A_{m'n'}$$

$$\cdot \left(\frac{\cos \frac{2m'-1}{l_1} \pi b_1 - \cos \frac{2m'-1}{l_1} a_1}{2m'-1} + d_{m'} \cdot \frac{\cos \frac{2m'\pi}{l} b_1 - \cos \frac{2m'\pi}{l} a_1}{2m'} \right)$$

$$\cdot \left(\frac{\cos \frac{2n'-1}{l} \pi b - \cos \frac{2n'-1}{l} a}{2n'-1} + e_{n'} \frac{\cos \frac{2n'\pi}{l} b - \cos \frac{2n'\pi}{l} a}{2n'} \right). \quad (74a)$$

In dem Ausdruck für die Größe B ist somit P zu ersetzen durch $\frac{\pi_1 ll_1}{\pi^2}$. Die damit gebildete Größe B soll mit B_1 bezeichnet werden.

$$B_1 = \frac{\pi_1 \cdot 48 \cdot (m^2 - 1)}{m^2 \cdot \varepsilon \cdot h^3 \cdot \pi^6}.$$

Die Gleichung 76) ist infolge der Änderung der Gleichung 74) zu schreiben:

$$A_{m'n'} = \frac{B_1 \left(\frac{\cos \frac{2m'-1}{l_1} \pi b_1 - \cos \frac{2m'-1}{l_1} a_1}{2m'-1} + d_{m'} \cdot \frac{\cos \frac{2m'\pi}{l} b_1 - \cos \frac{2m'\pi}{l_1} \cdot a_1}{2m'} \right) \cdot \left(\frac{\cos \frac{2n'-1}{l} \pi b - \cos \frac{2n'-1}{l} \pi a}{2n'-1} + e_{n'} \cdot \frac{\cos \frac{2n'\pi}{l} b - \cos \frac{2n'\pi}{l} a}{2n'} \right)}{\left(\frac{1}{l_1}\right)^4 \cdot D_{m'n'} + \left(\frac{1}{l}\right)^4 \cdot E_{m'n'} + \left(\frac{1}{ll_1}\right)^2 \cdot \frac{2}{m} \cdot F_{m'n'}} \quad (76a)$$

[1]) Vergl. Föppl, Vorlesungen über Technische Mechanik, Band III.

Zahlenbeispiel.

Eine quadratische Platte mit je 2,00 m Stützweite und von 0,10 m Stärke trägt in ihrer Mitte eine Einzellast $P = 4 \cdot 20\,000 = 80\,000$ kg, welche sich auf ein Quadrat 0,20/0,20 gleichmäßig verteilt. Wie groß sind die größten Normalspannungen, wenn $m = 4$ ist?

$$l = l_1 = 2{,}0\ m, \quad c = c_1 = \frac{l}{2} = 1{,}0\ m, \quad a_1 = a = 0{,}90\ m, \quad b_1 = b = 1{,}10\ m,$$

$$d_{m'} = e_{n'} = 0.$$

$$\frac{\pi}{2} \cdot 1{,}1 = 99^0; \quad \frac{3\pi}{2} \cdot 1{,}1 = 297^0; \quad \frac{5\pi}{2} \cdot 1{,}1 = 495^0;$$

$$\cos 99^0 = -0{,}156; \quad \cos 297^0 = +0{,}454; \quad \cos 495^0 = -0{,}707;$$

$$\frac{\pi}{2} \cdot 0{,}9 = 81^0; \quad \frac{3\pi}{2} \cdot 0{,}9 = 243^0; \quad \frac{5\pi}{2} \cdot 0{,}9 = 405^0;$$

$$\cos 81^0 = 0{,}156; \quad \cos 243^0 = -0{,}454; \quad \cos 405^0 = 0{,}707.$$

$$\frac{7\pi}{2} \cdot 1{,}1 = 693^0; \quad \frac{9\pi}{2} \cdot 1{,}1 = 891^0; \quad \frac{11\pi}{2} \cdot 1{,}1 = 1089^0;$$

$$\cos 693^0 = +0{,}891; \quad \cos 891^0 = -0{,}988; \quad \cos 1089^0 = 0{,}988;$$

$$\frac{7\pi}{2} \cdot 0{,}9 = 567^0; \quad \frac{9\pi}{2} \cdot 0{,}9 = 729^0; \quad \frac{11\pi}{2} \cdot 0{,}9 = 891^0;$$

$$\cos 567^0 = -0{,}891; \quad \cos 729^0 = +0{,}988; \quad \cos 891^0 = -0{,}988.$$

$$\bar{A}_{11} = \frac{(-0{,}156 - 0{,}156)\,(-0{,}156 - 0{,}156)}{\frac{1}{16}\left(1 + 1 + \frac{1}{2}\right)} = 0{,}664;$$

$$\bar{A}_{12} = \bar{A}_{21} = \frac{(-0{,}156 - 0{,}156) \cdot \frac{1}{3}\,(0{,}454 + 0{,}454)}{\frac{1}{16}\left(1 + 81 + \frac{9}{2}\right)} = -0{,}01805;$$

$$\bar{A}_{22} = \frac{\frac{1}{3}\,(0{,}454 + 0{,}454)\,(0{,}454 + 0{,}454) \cdot \frac{1}{3}}{\frac{1}{16}\left(81 + 81 + \frac{81}{2}\right)} = 0{,}00687;$$

$$\bar{A}_{31} = \bar{A}_{13} = \frac{-0{,}312 \cdot \frac{1}{5}\,(-0{,}707 - 0{,}707)}{\frac{1}{16}\left(1 + 625 + \frac{25}{2}\right)} = 0{,}002184;$$

$$A_{23} + A_{32} = \frac{\frac{1}{3}\,(0{,}454 + 0{,}454)\,(-0{,}707 - 0{,}707)\,\frac{1}{5}}{\frac{1}{16}\left(81 + 625 + \frac{225}{2}\right)} = -0{,}00204;$$

$$\bar{A}_{33} = \frac{\frac{1}{5} \cdot 1{,}414 \cdot \frac{1}{5} \cdot 1{,}414}{\frac{1}{16}\left(625 + 625 + \frac{625}{2}\right)} = 0{,}000831.$$

$$\bar{A}_{14} = \bar{A}_{41} = -0{,}000525;$$
$$\bar{A}_{24} = \bar{A}_{42} = 0{,}000457;$$
$$\bar{A}_{34} = \bar{A}_{43} = -0{,}000316;$$
$$\bar{A}_{44} = 0{,}000173;$$
$$\bar{A}_{51} = \bar{A}_{15} = 0{,}000166.$$

$$B_1 \cdot \frac{\varepsilon \cdot m^2 \cdot h \cdot \pi^2}{(m^2-1) \cdot 2} = \frac{\pi_1 \cdot 24}{h^2 \cdot \pi^4} = \frac{2\,000\,000 \cdot 24}{0{,}01 \cdot 97{,}4} = -49\,300\,000.$$

$$\sigma_{xo} = 49\,300\,000\Big[0{,}664\left(\frac{1}{4}+\frac{1}{16}\right)+0{,}01805\left(\frac{1}{4}+\frac{9}{16}\right)+0{,}01805\left(\frac{9}{4}+\frac{1}{16}\right)$$
$$+\,0{,}00687\left(\frac{9}{4}+\frac{9}{16}\right)+0{,}002184\left(\frac{1}{4}+\frac{25}{16}\right)+0{,}002184\left(\frac{25}{4}+\frac{1}{16}\right)$$
$$+\,0{,}00204\left(\frac{9}{4}+\frac{25}{16}\right)+0{,}00204\left(\frac{25}{4}+\frac{9}{16}\right)+0{,}000831\left(\frac{25}{4}+\frac{25}{16}\right)$$
$$+\,0{,}000525\left(\frac{1}{4}+\frac{49}{16}\right)+0{,}000525\left(\frac{49}{4}+\frac{1}{16}\right)+0{,}000457\left(\frac{9}{4}+\frac{49}{16}\right)$$
$$+\,0{,}000316\left(\frac{25}{4}+\frac{49}{16}\right)+0{,}000316\left(\frac{49}{4}+\frac{25}{16}\right)+0{,}000173\left(\frac{49}{4}+\frac{49}{16}\right)$$
$$+\,0{,}000166\left(\frac{1}{4}+\frac{81}{16}\right)+\,.\,.\,.\,.\,.\,.\,.\,.\,.$$

Nach 17 Gliedern erhält man $\sigma_{xo} = 17\,438\,200$ kg/qm = 1743,8 kg/cm². Die Reihe steigt aber noch weiter, da erst später die negativen Glieder einsetzen.

Das Anwachsen der Reihe kann man an folgender Übersicht erkennen
σ_{xo} = 1. 1021, 2. 1093, 3. 1298, 4. 1393, 5. 1411, 6. 1473, 7. 1512, 8. 1580, 9. 1612, 10. 1620, 11. 1652, 12. 1664, 13. 1693, 14. 1705, 16. 1739, 17. 1743 kg/cm².

Die Reihe konvergiert, wie bereits früher schon bemerkt, schlecht, weil die negativen Glieder erst bei m' oder $n' = 11$ beginnen, dann aber in einer großen Serie auftreten, wie nachstehende Übersicht zeigt.

m' =	1	2	3	4	5	6	7	8	9	10	11	12
α =	99⁰′	297⁰′	495⁰′	693⁰′	891⁰′	1089⁰′	1287⁰′	1485⁰′	1683⁰′	1881⁰′	2079⁰′	2275⁰′
			(135)	(333)	(171)	(9)	(207)	(45)	(243)	(81)	(279)	(115)
Quadrant	I	IV	II	IV	II	I	III	I	III	I	IV	II
Vorzeich. des cos	—	+	—	+	—	+	—	+	—	+	+	—

Daher sind die Vorzeichen der Koeffizienten $A_{m'n'}$ zu bilden, wie folgt:
$A_{1,10} = (-)$, $A_{1,11} = (-)$, $\bar{A}_{2,11} = (+)$, $\bar{A}_{3,11} = (-)$, $\bar{A}_{4,11} = (+)$, $\bar{A}_{5,11} = (-)$, $\bar{A}_{1,12} = (+)$ . . .

Die Vorzeichen der Reihenglieder im Ausdruck σ_{xo} sind deshalb

Glied 1; 10 — 1; 11 — 2; 11 — 3; 11
$(-)(-1)^{11} = (+)$; $(-)(-1)^{12} = (-)$; $(+)(-1)^{13} = (-)$; $(+)(-1)^{14} = (-)$;

Glied: 4; 11 — 5; 11 — 1; 12 . . . .
$(+)(-1)^{15} = (-)$; $(-)(-1)^{16} = (-)$; $(+)(-1)^{13} = (-)$.

Es wechseln also bei dieser Reihe große Serien positiver Glieder mit ebenso großen Serien negativer Glieder ab.

9. Die an drei Seiten freigelagerte, rechteckige Platte mit gleichförmig verteilter Belastung.

Es sei die rechteckige Platte $ABCD$ von der Stärke h, der Länge l_1 und der Breite l an den drei Seiten AB, AD, BC frei gelagert und mit der gleichförmig verteilten Last π_z auf die Flächeneinheit belastet.

Zur Berechnung der Platte auf Biegung soll ein Koordinatensystem so in die Platte gelegt werden, daß die xy-Ebene die Mittelebene der Platte bildet, wie in der Fig. 15 dargestellt ist.

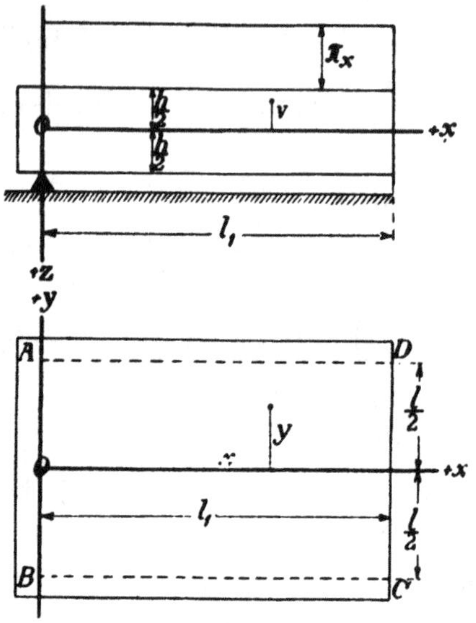

Fig. 15.

Durch die Belastung der Platte geht ihre Mittelebene in die elastische Fläche über. Wäre die Gleichung der elastischen Fläche bekannt, so könnten mit Hilfe ihrer zweiten Ableitungen nach den Gleichungen 1) die Spannungen berechnet werden.

An die Stelle der unbekannten Funktion der elastischen Fläche $z = f\,(xy)$, soll nun wieder eine unendliche trigonometrische Reihe gesetzt werden, die jedoch eine Reihe von Bedingungen erfüllen muß.

Wir setzen

$$z = \sum_{m'=1}^{m'=\infty} \sum_{n'=1}^{n'=\infty} A_{m'n'} \left(\sin \frac{2m'-1}{2l_1} \pi x + K \cdot \sin \frac{2m'+1}{2l_1} \pi x\right) \cos \frac{2n'-1}{l} \pi y. \quad (78)$$

Wegen der starren Auflagerung der Platte muß sein $z = o$ für $x = o$ und für alle Werte von y sowie für $y = \pm \frac{l}{2}$ und jeden Wert von x. Ferner muß für $x = l_1$ $z > o$ sein mit Ausnahme in den Punkten $x = l_1$ und $y = \pm \frac{l}{2}$.

Diese Bedingungen werden von der Reihe 78) erfüllt.

$$\frac{\partial z}{\partial x} = \sum_{m'=1}^{m'=\infty} \sum_{n'=1}^{n'=\infty} A_{m'n'} \left(\frac{2m'-1}{2l_1} \pi \cdot \cos \frac{2m'-1}{2l_1} \pi x + K \cdot \frac{2m'+1}{2l_1} \cos \frac{2m'+1}{2l_1} \pi x\right) \cdot \cos \frac{2n'-1}{l} \pi y.$$

Wegen der geraden Auflagerlinien AC und BD ist für $y = \pm \frac{l}{2}$ und jeden Wert von x $\frac{\partial z}{\partial x} = o$. Für $x = o$ muß $\frac{\partial z}{\partial x} > o$ sein.

Auch diese Randbedingungen werden von dem Ausdruck $\frac{\partial z}{\partial x}$ erfüllt.

$$\frac{\partial^2 z}{\partial x^2} = \sum_{m'=1}^{m'=\infty} \sum_{n'=1}^{n'=\infty} - A_{m'n'} \left[\left(\frac{2m'-1}{2l_1} \pi \right)^2 \sin \frac{2m'-1}{2l_1} \pi x \right.$$

$$\left. + K \cdot \left(\frac{2m'+1}{2l_1} \pi \right)^2 \cdot \sin \frac{2m'+1}{2l_1} \pi x \right] \cos \frac{2n'-1}{l} \pi y \quad . \quad . \quad . \quad (79)$$

Diese Ableitung ist den Biegungsmomenten proportional, die in den zur xz-Ebene parallelen Ebenen wirken. Sie muß deshalb auch an denjenigen Stellen Null werden, an welchen diese Biegungsmomente Null werden.

$\frac{\partial^2 z}{\partial x^2} = 0$ für $x = o$ und jeden Wert von y sowie für $y = \pm \frac{l}{2}$ und alle Werte von x. Diese Bedingungen werden von der Reihe für $\frac{\partial^2 z}{\partial x^2}$ erfüllt. Aber auch an dem freien Rande CD muß diese Ableitung für alle Werte von y Null werden. Diese Bedingung ist erfüllt, wenn K so gewählt wird, daß $\frac{\partial^2 z}{\partial x^2}$ für $x = l_1$ gebildet Null wird.

$$\left(\frac{2m'-1}{2l_1} \pi \right)^2 \cdot (-1)^{m'+1} + K \cdot \left(\frac{2m'+1}{2l_1} \pi \right)^2 \cdot (-1)^{m'} = 0.$$

$$K = \frac{(2m'-1)^2}{(2m'+1)^2} \quad . \quad . \quad . \quad . \quad . \quad . \quad . \quad . \quad . \quad . \quad (80)$$

$$\frac{\partial z}{\partial y} = \sum_{m'=1}^{m'=\infty} \sum_{n'=1}^{n'=\infty} - A_{m'n'} \left(\sin \frac{2m'-1}{2l_1} \pi x \right.$$

$$\left. + \frac{(2m'-1)^2}{(2m'+1)^2} \sin \frac{2m'+1}{2l_1} \pi x \right) \frac{2n'-1}{l} \pi \cdot \sin \frac{2n'-1}{l} \pi y.$$

Wegen der Auflagergeraden AB ist für $x = o$ und jeden Wert von y $\frac{\partial z}{\partial y} = 0$. Infolge der Symmetrie zur x-Achse ist auch $\frac{\partial z}{\partial y} = 0$ für $y = 0$ und alle Werte von x.

Diese Bedingungen werden von der unendlichen Reihe für $\frac{\partial z}{\partial y}$ erfüllt.

$$\frac{\partial^2 z}{\partial y^2} = \sum_{m'=1}^{m'=\infty} \sum_{n'=1}^{n'=\infty} - A_{m'n'} \left[\sin \frac{2m'-1}{2l_1} \pi x + \left(\frac{2m'-1}{2m'+1} \right)^2 \sin \frac{2m'+1}{2l_1} \pi x \right]$$

$$\cdot \left(\frac{2n'-1}{l} \pi \right)^2 \cos \frac{2n'-1}{l} \pi y \quad . \quad . \quad . \quad . \quad . \quad . \quad . \quad (81)$$

Da $\frac{\partial^2 z}{\partial y^2}$ den Biegungsmomenten, welche in den zur yz-Ebene parallelen Ebenen wirken, proportional ist, muß dieser Ausdruck in den drei Auflagergeraden Null werden. $\frac{\partial^2 z}{\partial y^2} = o$ für $x = o$ und alle Werte y sowie für $y = \pm \frac{l}{2}$ und alle Werte von x. Dagegen muß an dem freien Rande CD $\frac{\partial^2 z}{\partial y^2} > 0$ sein.

Auch diese Bedingungen werden von der vorgeschlagenen Reihe erfüllt.

Außer den bisher betrachteten Bedingungen muß aber auch die Vertikalkraft am freien Rande CD der Platte in allen Punkten Null sein. Betrachtet man ein parallelepipedisches Plattenelement, dessen Kanten dx, dy und h sind, so wirkt an der Fläche $h \cdot dy$ dieses Elementes eine Vertikalkraft $d\,V_{xz}$, welche von der Schubspannung τ_{xz} herrührt. Nach Gleichung 2) ist

$$d\,V_{xz} = -\frac{m^2 \cdot \varepsilon}{m^2 - 1} \cdot \frac{h^2}{12}\left(\frac{\partial^3 z}{\partial x^3} + \frac{\partial^3 z}{\partial x \partial y^2}\right) dy.$$

Am freien Rande ist $x = l_1$ und

$$d\,V_{xz} = d\,V_{l_1 z} = 0$$

$$\frac{\partial^3 z}{\partial x^3} = \sum_{m'=1}^{m'=\infty} \sum_{n'=1}^{n'=\infty} - A_{m'n'} \left[\left(\frac{2m'-1}{2l_1}\pi\right)^3 \cos\frac{2m'-1}{2l_1}\pi x\right.$$

$$\left. + \left(\frac{2m'-1}{2m'+1}\right)^2 \cdot \left(\frac{2m'+1}{2l_1}\pi\right)^3 \cos\frac{2m'+1}{2l_1}\pi x\right) \cos\frac{2n'-1}{l}\pi y,$$

$$\frac{\partial^3 z}{\partial x \partial y^2} = \sum_{m'=1}^{m'=\infty} \sum_{n'=1}^{n'=\infty} - A_{m'n'} \left[\frac{2m'-1}{2l_1}\pi \cdot \cos\frac{2m'-1}{2l_1}\pi x\right.$$

$$\left. + \left(\frac{2m'-1}{2m'+1}\right)^2 \left(\frac{2m'+1}{2l_1}\pi\right) \cos\frac{2m'+1}{2l_1}\pi x\right]\left(\frac{2n'-1}{l}\pi\right)^2 \cos\frac{2n'-1}{l}\pi y.$$

Diese beiden Ableitungen werden für $x = l_1$ Null, so daß auch die zuletzt gestellte Bedingung $dV_{l_1 z} = 0$ von der gewählten unendlichen trigonometrischen erfüllt wird.

Zur Berechnung der Beiwerte $A_{m'n'}$ kann das gleiche Verfahren wie in den früheren Abschnitten angewendet werden. Es ist also zunächst die elastische Energie $\mathfrak{A}$ der in drei Seiten gelagerten Platte zu bilden.

$$\mathfrak{A} = 2\int_0^{l_1}\int_0^{\frac{l}{2}}\int_{-\frac{h}{2}}^{+\frac{h}{2}} d\mathfrak{A} = 2\int_0^{l_1}\int_0^{\frac{l}{2}}\int_{-\frac{h}{2}}^{+\frac{h}{2}} \cdot \frac{1}{2 \cdot \varepsilon}(\sigma_x^2 + \sigma_y^2)\, dx \cdot dy\, dv.$$

Mit Hilfe der Gleichung 9)

$$\mathfrak{A} = \frac{a_0^2 \cdot h^3\left(1 - \frac{1}{m^2}\right)}{12 \cdot \varepsilon} \int_0^{l_1}\int_0^{\frac{l}{2}} \left[\left(\frac{\partial^2 z}{\partial x^2}\right)^2 + \left(\frac{\partial^2 z}{\partial y^2}\right)^2 + \frac{2}{m} \cdot \frac{\partial^2 z}{\partial x^2} \cdot \frac{\partial^2 z}{\partial y^2}\right] dx\, dy. \tag{82}$$

$$\int_0^{l_1}\int_0^{\frac{l}{2}} \left(\frac{\partial^2 z}{\partial x^2}\right)^2 dx\, dy = \int_0^{l_1}\int_0^{\frac{l}{2}} \left(\sum_{m'=1}^{m'=\infty} \sum_{n'=1}^{n'=\infty} - A_{m'n'} \left[\left(\frac{2m'-1}{2l_1}\pi\right)^2 \sin\frac{2m'-1}{2l_1}\pi \cdot x\right.\right.$$

$$\left.\left. + \left(\frac{2m'-1}{2m'+1}\right)^2 \left(\frac{2m'+1}{2l_1}\pi\right)^2 \cdot \sin\frac{2m'+1}{2l_1}\pi x\right] \cdot \cos\frac{2n'-1}{l}\pi y\right)^2 dy \cdot dx.$$

In den quadratischen Gliedern dieses Polynoms kommen folgende Integrale vor:

$$\int_0^{\frac{l}{2}} \cos^2 \frac{2n'-1}{l} \pi y \, dy = \frac{l}{4},$$

$$\left(\frac{2m'-1}{2l_1}\pi\right)^4 \int_0^{l_1} \sin^2 \frac{2m'-1}{2l_1} \pi x \, dx = \left(\frac{2m'-1}{2l_1}\pi\right)^4$$

$$\cdot \left[-\frac{1}{4}\cdot \sin \frac{2m'-1}{l_1} \pi x + \frac{2m'-1}{4l_1}\pi x\right]_{x=0}^{x=l_1} \cdot \frac{2l_1}{(2m'-1)\pi} = \left(\frac{2m'-1}{2l_1}\pi\right)^4 \cdot \frac{l_1}{2},$$

$$\left(\frac{2m'-1}{2m'+1}\right)^4 \left(\frac{2m'+1}{2l_1}\pi\right)^4 \cdot \int_0^{l_1} \sin^2 \frac{2m'+1}{2l_1} \pi x \, dx = \left(\frac{2m'-1}{2m'+1}\right)^4 \cdot \left(\frac{2m'+1}{2l_1}\pi\right)^4 \cdot \frac{l_1}{2}.$$

Die Doppelglieder des Polynoms enthalten Integrale von der Form

$$\int_0^{\frac{l}{2}} \cos \frac{2n-1}{l} \pi y \cdot \cos \frac{2n'+2s-1}{l} \pi y \, dy = 0$$

und

$$\int_0^{l_1} \sin \frac{2m'-1}{2l_1} \pi x \cdot \sin \frac{2m'+2r-1}{2l_1} \pi \cdot x \, dx = 0,$$

so daß sie sämtlich Null sind und das Quadrat der Summe nur aus den Quadraten der einzelnen Glieder besteht.

$$\int_0^{l_1}\int_0^{\frac{l}{2}} \left(\frac{\partial^2 z}{\partial x^2}\right)^2 dx \cdot dy = \sum_{m'=1}^{m'=\infty} \sum_{n'=1}^{n'=\infty} A^2_{m'n'}$$

$$\cdot \left[\left(\frac{2m'-1}{2l_1}\pi\right)^4 \cdot \frac{l\,l_1}{8} + \left(\frac{2m'-1}{2m'+1}\right)^4 \left(\frac{2m'+1}{2l_1}\pi\right)^4 \frac{l\,l_1}{8}\right] \quad . \; . \; . \quad (83)$$

$$\int_0^{l_1}\int_0^{\frac{l}{2}} \left(\frac{\partial^2 z}{\partial y^2}\right)^2 dx\,dy = \int_0^{l_1}\int_0^{\frac{l}{2}} \Bigg(\sum_{m'=1}^{m'=\infty} \sum_{n'=1}^{n'=\infty} - A_{m'n'}$$

$$\cdot \left[\sin \frac{2m'-1}{2l_1} \pi x + \left(\frac{2m'-1}{2m'+1}\right)^2 \sin \frac{2m'+1}{2l_1} \pi x\right] \left(\frac{2n'-1}{l}\pi\right)^2 \cos \frac{2n'-1}{l} \pi y\Bigg)^2 dx\,dy.$$

Für die quadratischen Glieder dieses Ausdruckes sind folgende Integrale zu lösen:

$$\left(\frac{2n'-1}{l}\pi\right)^4 \int_0^{\frac{l}{2}} \cos^2 \frac{2n'-1}{l} \pi y \, dy = \left(\frac{2n'-1}{l}\pi\right)^4 \cdot \frac{l}{4};$$

$$\int_0^{l_1} \sin^2 \frac{2m'-1}{2l_1} \pi x \cdot dx = \frac{l_1}{2};$$

$$\left(\frac{m'-1}{m'+1}\right)^4 \int_0^{l_1} \sin^2 \frac{2m'+1}{2l_1} \pi x \, dx = \left(\frac{m'-1}{m'+1}\right)^4 \cdot \frac{l_1}{2}.$$

Die Doppelglieder des Quadrates enthalten die Integrale

$$\int_0^{\frac{l}{2}} \cos \frac{2n'-1}{l} \pi y \cdot \cos \frac{2n'+2s-1}{l} \pi y \, dy = 0,$$

$$\int_0^{l_1} \sin \frac{2m'-1}{2l_1} \pi x \cdot \sin \frac{2m'+2r-1}{2l_1} \pi x \, dx = 0;$$

wobei s und r ganze Zahlen sind, welche aber nicht beide zugleich Null sein können. Die Doppelglieder werden also, wie oben, Null, so daß das Quadrat der Summe nur aus der Summe der quadratischen Glieder besteht.

$$\int_0^{l_1}\int_0^{\frac{l}{2}} \left(\frac{\partial^2 z}{\partial y^2}\right)^2 dx \cdot dy = \sum_{m'=1}^{m'=\infty} \sum_{n'=1}^{n'=\infty} A^2_{m'n'} \left(\frac{2n'-1}{l}\pi\right)^4 \left[\frac{l l_1}{8} + \frac{l l_1}{8}\left(\frac{m'-1}{m'+1}\right)^4\right] \quad (84)$$

Es ist jetzt noch das letzte Glied des Ausdruckes 82) der elastischen Energie zu betrachten.

$$\int_0^{l_1}\int_0^{\frac{l}{2}} \frac{\partial^2 z}{\partial x^2} \cdot \frac{\partial^2 z}{\partial y^2} \cdot dx \cdot dy = \int_0^{l_1}\int_0^{\frac{l}{2}} \sum_{m'=1}^{m'=\infty} \sum_{n'=1}^{n'=\infty} - A_{m'n'} \left[\left(\frac{2m'-1}{2l_1}\pi\right)^2 \sin \frac{2m-1}{2l_1} \pi x \right.$$

$$\left. + \left(\frac{2m'-1}{2m'+1}\right)^2 \left(\frac{2m'+1}{2l_1}\pi\right)^2 \sin \frac{2m'+1}{2l_1} \pi x\right] \cos \frac{2n'-1}{l} \pi y$$

$$\cdot \sum_{n'=1}^{m'=\infty} \sum_{n'=1}^{n'=\infty} - A_{m'n'} \left[\sin \frac{2m'-1}{2l_1} \pi x + \left(\frac{2m'-1}{2m'+1}\right)^2 \sin \frac{2m'+1}{2l_1} \pi x\right]$$

$$\cdot \left(\frac{2n'-1}{l}\pi\right)^2 \cos \frac{2n'-1}{l} \pi y \cdot dx \cdot dy.$$

Die quadratischen Glieder dieses Produktes haben die Form

$$\int_0^{l_1}\int^{\frac{l}{2}} A_{m'n'^2} \cdot \left(\frac{2n'-1}{l}\pi\right)^2 \cdot \cos^2 \frac{2n'-1}{l} \pi y \left[\left(\frac{2m'-1}{2l_1}\pi\right)^2 \sin \frac{2m'-1}{2l_1} \pi x \right.$$

$$\left. + \left(\frac{2m'-1}{2m'+1}\right)^2 \left(\frac{2m'+1}{2l_1}\pi\right)^2 \sin \frac{2m'+1}{2l_1} \pi x\right] \cdot \left(\sin \frac{2m'-1}{2l_1} \pi x\right.$$

$$\left. + \left(\frac{2m'-1}{2m'+1}\right)^2 \sin \frac{2m'+1}{2l_1} \pi x\right) dx dy.$$

Berücksichtigt man, daß

$$\int_0^{l_1} \sin\frac{2m'-1}{2l_1}\pi x \cdot \sin\frac{2m'+1}{2l_1}\pi x = 0$$

ist, so sind nur folgende Integrale zu lösen:

$$A^2_{m'n'}\left(\frac{2n'-1}{l}\pi\right)^2 \int_0^{\frac{l}{2}} \cos^2\frac{2n'-1}{l}\pi y = A^2_{m'n'}\cdot\left(\frac{2n'-1}{l}\pi\right)^2\cdot\frac{l}{4},$$

$$\left(\frac{2m'-1}{2l_1}\pi\right)^2\cdot\int_0^{l_1}\sin^2\frac{2m'-1}{2l_1}\pi x\,dx = \left(\frac{2m'-1}{2l_1}\pi\right)^2\cdot\frac{l_1}{2};$$

$$\left(\frac{2m'-1}{2m'+1}\right)^4\left(\frac{2m'+1}{2l_1}\pi\right)^2\int_0^{l_1}\sin^2\frac{2m'+1}{2l_1}\pi x\,dx = \left(\frac{2m'-1}{2m'+1}\right)^4\left(\frac{2m'+1}{2l_1}\pi\right)^2\cdot\frac{l_1}{2}.$$

Die Doppelglieder werden auch bei diesem Ausdruck Null wie bei den Ausdrücken für $\left(\frac{\partial^2 z}{\partial x^2}\right)^2$ und $\left(\frac{\partial^2 z}{\partial y^2}\right)^2$.

$$\int_0^{l_1}\int_0^{\frac{l}{2}}\frac{\partial^2 z}{\partial x^2}\cdot\frac{\partial^2 z}{\partial y^2}\cdot dx\cdot dy = \sum_{m'=1}^{m'=\infty}\sum_{n'=1}^{n'=\infty} A^2_{m'n'}\cdot\left(\frac{2n'-1}{l}\pi\right)^2\cdot\frac{ll_1}{8}\left[\left(\frac{2m'-1}{2l_1}\pi\right)^2 + \left(\frac{2m'-1}{2m'+1}\right)^4\cdot\left(\frac{2m'+1}{2l_1}\pi\right)^2\right] \quad \text{(85)}$$

Aus den Gleichungen 82), 83), 84) und 85) kann man somit die elastische Energie $\mathfrak{A}$ berechnen.

$$\mathfrak{A} = \frac{a_0^2\left(1-\frac{1}{m^2}\right)h^3}{12\cdot\varepsilon}\left[\sum_{m'=1}^{m'=\infty}\sum_{n'=1}^{n'=\infty} A^2_{m'n'}\cdot\frac{ll_1}{8}\left(\frac{\pi}{2l_1}\right)^4 2\cdot(2m'-1)^4\right.$$
$$+\sum_{m'=1}^{m'=\infty}\sum_{n'=1}^{n'=\infty} A^2_{m'n'}\cdot\left(\frac{2n'-1}{l}\pi\right)^4\cdot\frac{ll_1}{8}\cdot\left[1+\left(\frac{2m'-1}{2m'+1}\right)^4\right]+\frac{2}{m}\cdot\left(\sum_{m'=1}^{m'=\infty}\sum_{n'=1}^{n'=\infty} A^2_{m'n'}\right.$$
$$\left.\left.\cdot\frac{ll_1}{8}\cdot\left(\frac{\pi}{l}\right)^2\left(\frac{\pi}{2l_1}\right)^2(2n'-1)^2\left((2m'-1)^2+\frac{(2m'-1)^4}{(2m'+1)^2}\right)\right)\right].$$

$$\mathfrak{A} = \frac{a_0^2\cdot h^3\cdot\left(1-\frac{1}{m^2}\right)}{96\cdot\varepsilon}\,ll_1\cdot\pi^4\left[\left(\frac{1}{2l_1}\right)^4\cdot\sum_{m'=1}^{m'=\infty}\sum_{n'=1}^{n'=\infty} 2\cdot A^2_{m'n'}(2m'-1)^4\right.$$
$$+\left(\frac{1}{l}\right)^4\cdot\sum_{m'=1}^{m'=\infty}\sum_{n'=1}^{n'=\infty} A^2_{m'n'}\cdot(2n'-1)^4\left[1+\left(\frac{2m'-1}{2m'+1}\right)^4\right]+\frac{2}{m}\cdot\left(\frac{1}{2ll_1}\right)^2$$
$$\left.\cdot\sum_{m'=1}^{m'=\infty}\sum_{n'=1}^{n'=\infty} A^2_{m'n'}\cdot(2n'-1)^2\left((2m'-1)^2+\frac{(2m'-1)^4}{(2m'+1)^2}\right)\right] \quad \text{(86)}$$

Die Arbeit $\mathfrak{T}$ der äußeren Kräfte ist unter der Voraussetzung starrer Auflager für die Last π_x der Flächeneinheit

$$\mathfrak{T} = 2\int_0^{l_1}\int_0^{\frac{l}{2}} \frac{z \cdot \pi_x}{2} dy\, dx$$

$$\mathfrak{T} = \pi_x \cdot \int_0^{l_1}\int_0^{\frac{l}{2}} \sum_{m'=1}^{m'=\infty} \sum_{n'=1}^{n'=\infty} A_{m'n'} \cdot \left[\sin \frac{2m'-1}{2l_1}\pi x + \left(\frac{2m'-1}{2m'+1}\right)^2 \cdot \sin \frac{2m'+1}{2l_1}\pi x\right] \cdot \cos \frac{2n'-1}{l}\pi y \cdot dy \cdot dx \quad \text{. . . . . (87)}$$

Es sind somit die Integrale zu bilden:

$$\int_0^{\frac{l}{2}} \cos \frac{2n'-1}{l}\pi y\, dy = (-1)^{n'+1} \cdot \frac{l}{(2n'-1)\pi};$$

$$\int_0^{l_1} \sin \frac{2m'-1}{2l_1}\pi x\, dx = \frac{-2l_1}{(2m'-1)\pi}\left[\cos \frac{2m'-1}{2l_1}\pi x\right]_0^{l_1} = \frac{2l_1}{(2m'-1)\pi}.$$

Benutzt man diese Integrale in der Gleichung 87), so erhält man

$$\mathfrak{T} = \sum_{m'=1}^{m'=\infty} \sum_{n'=1}^{n'=\infty} \pi_x \cdot A_{m'n'} \cdot \frac{(-1)^{n'+1} \cdot l}{(2n'-1)\pi}\left[\frac{2l_1}{(2m'-1)\pi} + \left(\frac{2m'-1}{2m'+1}\right)^2 \cdot \frac{2l_1}{(2m'+1)\pi}\right],$$

$$\mathfrak{T} = \frac{2ll_1}{\pi^2} \cdot \pi_x \cdot \sum_{m'=1}^{m'=\infty} \sum_{n'=1}^{n'=\infty} A_{m'n'} \frac{(-1)^{m'+1}}{2n'-1}\left(\frac{1}{2m'-1} + \frac{(2m'-1)^2}{(2m'+1)^3}\right).$$

Die negative Arbeit $-\mathfrak{T}$ muß gleich sein der elastischen Energie $\mathfrak{A}$.

$$\frac{\alpha_0^2 \cdot h^3\left(1 - \frac{1}{m^2}\right)}{96 \cdot \varepsilon} l l_1 \cdot \pi^4 \cdot \left[\left(\frac{1}{2l_1}\right)^4 \sum_{m'=1}^{m'=\infty} \sum_{n'=1}^{n'=\infty} 2 \cdot A^2_{m'n'} (2m'-1)^4 + \left(\frac{1}{l}\right)^4 \cdot \sum_{m'=1}^{m'=\infty} \sum_{n'=1}^{n'=\infty} A^2_{m'n'} \cdot (2n'-1)^4 \left[1 + \left(\frac{2m'-1}{2m'+1}\right)^4\right] + \frac{2}{m} \cdot \left(\frac{1}{2ll_1}\right)^2 \cdot \sum_{m'=1}^{m'=\infty} \sum_{n'=1}^{n'=\infty} A^2_{m'n'} \cdot (2n'-1)^2 \left((2m'-1)^2 + \frac{(2m'-1)^4}{(2m'+1)^2}\right)\right]$$

$$= -\frac{2ll_1}{\pi^2} \cdot \pi_x \cdot \sum_{m'=n'=1}^{m'=n'=\infty} A_{m'n'} \frac{(-1)^{n'+1}}{2n'-1} \cdot \left(\frac{1}{2m'-1} + \frac{(2m'-1)^2}{(2m'+1)^3}\right). \quad (88)$$

Zieht man die von m' und n' unabhängigen Werte in eine Konstante B zusammen, so kann man Gleichung 88) schreiben

$$B = \frac{192 \cdot \pi_x \cdot \varepsilon}{\left(1 - \frac{1}{m^2}\right) \alpha_0^2 \cdot h^3 \cdot \pi^6}$$

$$= \frac{\left(\frac{1}{2 l_1}\right)^4 \cdot \sum_{m'=1}^{m'=\infty} \sum_{n'=1}^{n'=\infty} 2 \cdot A^2_{m'n'} (2m'-1)^4 + \left(\frac{1}{l}\right)^4 \cdot \sum_{m'=1}^{m'=\infty} \sum_{n'=1}^{n'=\infty} A^2_{m'n'} \cdot (2n'-1)^4}{}$$

$$\frac{\left[1 + \left(\frac{2m'-1}{2m'+1}\right)^4\right] + \frac{2}{m} \cdot \left(\frac{1}{2 l l_1}\right)^2 \cdot \sum_{m'=1}^{m'=\infty} \sum_{n'=1}^{n'=\infty} A^2_{m'n'} (2n'-1)^2 \left((2m'-1)^2 + \frac{(2m'-1)^4}{(2m'+1)^2}\right)}{\sum_{m'=1}^{m'=\infty} \sum_{n'=1}^{n'=\infty} - A_{m'n'} \cdot \frac{(-1)^{n'+1}}{2n'-1} \left(\frac{1}{2m'-1} + \frac{(2m'-1)^2}{(2m'+1)^3}\right)} \quad . \; . \; . \quad (89)$$

Zur Bestimmung der Beiwerte $A_{m'n'}$ wird wiederum, wie in bereits vorher behandelten Fällen, π_x bzw. B als Funktion der unendlich vielen Variabeln $A_{m'n'}$ aufgefaßt, welche die Belastung π_x bzw. B zu einem Minimum machen müssen. Der Zähler des Ausdruckes für B sei mit Z, der Nenner mit N bezeichnet.

$$\frac{\partial B}{\partial A_{m'n'}} = 0 = \Bigg(2 A_{m'n'} \cdot \left(\frac{1}{2 l_1}\right)^4 \cdot 2 (2m'-1)^4 + 2 A_{m'n'} \left(\frac{1}{l}\right)^4 (2n'-1)^4$$

$$\cdot \left[1 + \left(\frac{2m'-1}{2m'+1}\right)^4\right] + \frac{2}{m} \cdot 2 A_{m'n'} \left(\frac{1}{2 l l_1}\right)^2 (2n'-1)^2 \cdot \left[(2m'-1)^2 + \frac{(2m'-1)^4}{(2m'+1)^2}\right]\Bigg)$$

$$\cdot N + \frac{(-1)^{n'+1}}{2n'-1} \left(\frac{1}{2m'-1} + \frac{(2m'-1)^2}{(2m'+1)^3}\right) \cdot Z.$$

$$2 A_{m'n'} \cdot \left(\left(\frac{1}{2 l_1}\right)^4 \cdot 2 (2m'-1)^4 + \left(\frac{1}{l}\right)^4 (2n'-1)^4 \left[1 + \left(\frac{2m'-1}{2m'+1}\right)^4\right] + \frac{2}{m} \cdot \left(\frac{1}{2 l l_1}\right)^2 (2n'-1)^2\right.$$

$$\left. \cdot \left((2m'-1)^2 + \frac{(2m'-1)^4}{(2m'+1)^2}\right)\right) = - B \cdot \frac{(-1)^{n'+1}}{2n'-1} \left(\frac{1}{2m'-1} + \frac{(2m'-1)^2}{(2m'+1)^3}\right) \; . \quad (90)$$

Aus solchen Gleichungen können nun die Unbekannten $A_{m'n'}$ berechnet werden. Aber hierbei ist zu beachten, daß die Gleichungen 90) aus homogenen Gleichungen hervorgegangen sind, so daß die aus ihnen berechneten Werte noch mit einem Faktor λ zu multiplizieren sind. Würde man dann die Produkte $\lambda \cdot A_{m'n'}$ für die Größen $A_{m'n'}$ in die Gleichung 89) einsetzen, so würde man auch noch den Wert λ finden.

Wie in den früher behandelten Fällen bereits mehrfach gezeigt, ergibt sich $\lambda = 2$, so daß man $2 \cdot A_{m'n'}$ als Unbekannte betrachten muß.

Zur Vereinfachung soll gesetzt werden

$$\frac{2 A_{m'n'}}{B} = \overline{A}_{m'n'}.$$

Betrachtet man zunächst nur vier Glieder der unendlichen trigonometrischen Reihen, so sind folgende Unbekannte $\overline{A}_{m'n'}$ aus der Gleichung 90) zu berechnen.

$$
\left.
\begin{aligned}
&\underline{m'=1,\; n'=1;}\\
\bar{A}_{11} &= -\frac{1+\frac{1}{27}}{\left(\frac{1}{2l_1}\right)^4\cdot 2+\frac{1}{l^4}\left(1+\frac{1}{81}\right)+\frac{2}{m}\left(\frac{1}{2ll_1}\right)^2\left(1+\frac{1}{9}\right)};\\
&\underline{m'=1,\; n'=2;}\\
\bar{A}_{12} &= \frac{\frac{1}{3}\left(1+\frac{1}{27}\right)}{\left(\frac{1}{2l_1}\right)^4\cdot 2+\frac{81}{l^4}\left(1+\frac{1}{81}\right)+\frac{2}{m}\left(\frac{1}{2ll_1}\right)^2\left(1+\frac{1}{9}\right)\cdot 9};\\
&\underline{m'=2,\; n'=1;}\\
\bar{A}_{21} &= -\frac{\frac{1}{3}+\frac{9}{125}}{\left(\frac{1}{2l_1}\right)^4\cdot 162+\frac{1}{l^4}\left(1+\frac{81}{625}\right)+\frac{2}{m}\left(\frac{1}{2ll_1}\right)^2\left(9+\frac{81}{25}\right)};\\
&\underline{m'=2,\; n'=2;}\\
\bar{A}_{22} &= \frac{\frac{1}{3}\left(\frac{1}{3}+\frac{9}{125}\right)}{\left(\frac{1}{2l_1}\right)^4\cdot 162+\frac{81}{l^4}\left(1+\frac{81}{625}\right)+\frac{2}{m}\left(\frac{1}{2ll_1}\right)^2\left(9+\frac{81}{25}\right)\cdot 9}.
\end{aligned}
\right\} \;.\;.\; (91)
$$

Nachdem nun die Größen $\bar{A}_{m'n'}$ berechnet sind, kann man auch mit Hilfe der Gleichungen 1) die Oberflächenspannungen berechnen, σ_{xo} in der Richtung der x-Achse und σ_{yo} in der y-Achse im Punkte xy.

$$
\left.
\begin{aligned}
\sigma_{xo} &= \varepsilon\cdot\frac{m^2}{m^2-1}\cdot\frac{h}{2}\cdot B\Bigg[\sum_{m'=1}^{m'=\infty}\sum_{n'=1}^{n'=\infty}-\bar{A}_{m'n'}\Bigg(\left(\frac{2m'-1}{2l_1}\pi\right)^2\cdot\sin\frac{2m'-1}{2l_1}\pi x\\
&+\left(\frac{2m'-1}{2m'+1}\right)^2\cdot\left(\frac{2m'+1}{2l_1}\pi\right)^2\cdot\sin\frac{2m'+1}{2l_1}\pi x\Bigg)\cos\frac{2n'-1}{l}\pi y\\
&+\frac{1}{m}\sum_{m'=1}^{m'=\infty}\sum_{n'=1}^{n'=\infty}-\bar{A}_{m'n'}\left(\sin\frac{2m'-1}{2l_1}\pi x+\left(\frac{2m'-1}{2m'+1}\right)^2\cdot\sin\frac{2m'+1}{2l_1}\pi x\right)\\
&\cdot\left(\frac{2n'-1}{l}\pi\right)^2\cos\frac{2n'-1}{l}\pi y\Bigg].\\
\sigma_{yo} &= \varepsilon\cdot\frac{m^2}{m^2-1}\cdot B\cdot\frac{h}{2}\Bigg[\sum_{n'=1}^{m'=\infty}\sum_{n'=1}^{n'=\infty}-\bar{A}_{m'n'}\Bigg(\sin\frac{2m'-1}{2l_1}\pi x\\
&+\left(\frac{2m'-1}{2m'+1}\right)^2\cdot\sin\frac{2m'+1}{2l_1}\pi x\Bigg)\cdot\left(\frac{2n'-1}{l}\pi\right)^2\cdot\cos\frac{2n'-1}{l}\pi y\\
&+\frac{1}{m}\cdot\sum_{n'=1}^{m'=\infty}\sum_{n'=1}^{n'=\infty}-\bar{A}_{m'n'}\Bigg(\left(\frac{2m'-1}{2l_1}\pi\right)^2\sin\frac{2m'-1}{2l_1}\pi x\\
&+\left(\frac{2m'-1}{2m'+1}\right)^2\left(\frac{2m'+1}{2l_1}\pi\right)^2\cdot\sin\frac{2m'+1}{2l_1}\pi x\Bigg)\cos\frac{2n'-1}{l}\pi y\Bigg].
\end{aligned}
\right\} \quad (92)
$$

Es sind nun noch die Punkte der Platte zu bestimmen, in welchen diese Oberflächenspannungen ihre größten Werte annehmen. Die Koordination für $\sigma_{yo\,\max}$ erhält man aus den Gleichungen

$$\frac{\partial\sigma_{yo}}{\partial x}=0,\qquad\frac{\partial\sigma_{yo}}{\partial y}=0.$$

Nach den Gleichungen 1) sind diese Bedingungen erfüllt, wenn

$$\frac{\partial^3 z}{\partial x \partial y^2} + \frac{1}{m} \frac{\partial^3 z}{\partial x^3} = 0, \qquad \frac{\partial^3 z}{\partial y^3} + \frac{1}{m} \frac{\partial^3 z}{\partial x^2 \partial y} = 0 \quad . \; . \; . \quad (93)$$

Ebenso erhält man die Stelle für $\sigma_{xo\,max}$ aus

$$\frac{\partial \sigma_{xo}}{\partial x} = 0, \qquad \frac{\partial \sigma_{xo}}{\partial y} = 0;$$

$$\frac{\partial^3 z}{\partial x^3} + \frac{1}{m} \cdot \frac{\partial^3 z}{\partial y^2 \partial x} = 0, \qquad \frac{\partial^3 z}{\partial y \partial x^2} + \frac{1}{m} \frac{\partial^3 z}{\partial y^3} = 0 \quad . \; . \; . \; . \quad (94)$$

$\frac{\partial^3 z}{\partial x^3}$ und $\frac{\partial^3 z}{\partial x \partial y^2}$ sind bereits oben gebildet worden.

$$\frac{\partial^3 z}{\partial y^3} = \sum_{m'=1}^{m'=\infty} \sum_{n'=1}^{n'=\infty} A_{m'n'} \left[\sin \frac{2m'-1}{2l_1} \pi x + \left(\frac{2m'-1}{2m'+1}\right)^2 \sin \frac{2m'+1}{2l_1} \pi x\right]$$

$$\left(\frac{2n'-1}{l} \pi\right)^3 \sin \frac{2n'-1}{l} \pi y,$$

$$\frac{\partial^3 z}{\partial x^2 \partial y} = \sum_{m'=1}^{m'=\infty} \sum_{n'=1}^{n'=\infty} A_{m'n'} \left[\left(\frac{2m'-1}{2l_1} \pi\right)^2 \sin \frac{2m'-1}{2l_1} \pi x + \left(\frac{2m'-1}{2m'+1}\right)^2\right.$$

$$\left.\left(\frac{2m'+1}{2l_1} \pi\right)^2 \sin \frac{2m+1}{2l_1} \pi x\right] \frac{2n'-1}{l} \pi \sin \frac{2n'-1}{l} \pi y.$$

Die Gleichungen 93) werden erfüllt von $y = o$ und $x = l_1$. D. h. am freien Rande erhält σ_{yo} seinen größten Wert. Aus der zweiten der Gleichungen 94) erhält man gleichfalls $y = o$. Es wird also σ_{xo} in der zy Ebene ein Maximum, wie vorauszusehen war. Um die Abszisse x des Punktes mit $\sigma_{xo\,max}$ zu finden, soll nur das erste Glied der Reihe in Betracht gezogen werden. Da die Reihe, wie an dem folgenden Beispiele zu ersehen ist, gut konvergiert, erscheint die Beschränkung auf nur ein Glied zulässig, zumal die Spannungen der benachbarten Oberflächenpunkte nicht sehr von einander verschieden sein können.

Unter dieser Beschränkung erhält man aus der ersten der Gleichungen 94)

$$A_{11} \left[\left(\frac{\pi}{2l_1}\right)^3 \cos \frac{\pi x}{2l_1} + \frac{1}{9} \cdot \left(\frac{3\pi}{2l_1}\right)^3 \cos \frac{3\pi x}{2l_1}\right] + \frac{1}{m} A_{11} \left[\frac{\pi}{2l_1} \cdot \cos \frac{\pi x}{2l_1} + \frac{1}{9} \cdot \frac{3\pi}{2l_1}\right.$$

$$\left. \cdot \cos \frac{3\pi x}{2l_1}\right] \left(\frac{\pi}{l}\right)^2 = 0,$$

$$\left(\frac{1}{2l_1}\right)^2 \cos \frac{\pi x}{2l_1} + 3 \left(\frac{1}{2l_1}\right)^2 \cos \frac{3\pi x}{2l_1} + \frac{1}{m} \left[\left(\frac{1}{l}\right)^2 \cos \frac{\pi x}{2l_1} + \frac{1}{3} \cdot \left(\frac{1}{l}\right)^2 \cos \frac{3\pi x}{2l_1}\right] = 0,$$

$$\cos \frac{\pi x}{2l_1} \left[\left(\frac{1}{2l_1}\right)^2 + \frac{1}{m} \cdot \left(\frac{1}{l}\right)^2\right] + \cos \frac{3\pi x}{2l_1} \left[3 \cdot \left(\frac{1}{2l_1}\right)^2 + \frac{1}{m} \cdot \frac{1}{3} \left(\frac{1}{l}\right)^2\right] = 0.$$

Berücksichtigt man, daß $\cos \frac{3\pi x}{2l_1} = 4 \cos^3 \frac{\pi x}{2l_1} - 3 \cos \frac{\pi x}{2l_1}$ ist, so erhält man

$$\cos^3 \frac{\pi x}{2l_1} \cdot 4 \left[3 \left(\frac{1}{2l_1}\right)^2 + \frac{1}{m} \cdot \frac{1}{3} \left(\frac{1}{l}\right)^2\right] - \cos \frac{\pi x}{2l_1} \cdot 8 \left(\frac{1}{2l_1}\right)^2 = 0,$$

$$4 \cdot \cos^2 \frac{\pi x}{2l_1} \left[3 \left(\frac{1}{2l_1}\right)^2 + \frac{1}{3 \cdot m} \left(\frac{1}{l}\right)^2\right] = 8 \left(\frac{1}{2l_1}\right)^2.$$

$$\cos\frac{\pi x}{2l_1}=\frac{1}{2l_1}\sqrt{\frac{2}{3\left(\frac{1}{2l_1}\right)^2+\frac{1}{3m}\left(\frac{1}{l}\right)^2}} \quad \ldots \ldots \quad (95)$$

Aus dieser Gleichung kann man $\cos\frac{\pi x}{2l_1}$ und somit auch x berechnen.

Für eine quadratische Platte ist $l=l_1$ und

$$\cos\frac{\pi x}{2l_1}=\frac{1}{2}\sqrt{\frac{2}{\frac{3}{4}+\frac{1}{3m}}} \quad \ldots \ldots \quad (96)$$

Die Spannung $\sigma_{xo\,max}$ tritt also in dem Punkte mit den Koordinaten $y=o$ und x aus Gleichung 95) berechnet auf.

Zahlenbeispiel.

Eine quadratische Platte von 2,00 m Länge und Breite und 0,10 m Stärke sei an drei Kanten in Geraden gestützt und mit einer gleichförmig verteilten Last $\pi_x=20\,000$ kgqm belastet. Wie groß sind die größten Normalspannungen, wenn $m=4$ ist?

Aus den Gleichungen 91) erhält man

$$\bar{A}_{11}=-\frac{1+\frac{1}{27}}{\frac{1}{256}\cdot 2+\frac{1}{16}\left(1+\frac{1}{81}\right)+\frac{1}{2\cdot 64}\left(1+\frac{1}{9}\right)}=-13{,}54,$$

$$\bar{A}_{12}=\frac{\frac{1}{3}+\frac{1}{81}}{\frac{1}{256}\cdot 2+\frac{81}{16}\left(1+\frac{1}{81}\right)+\frac{1}{2\cdot 64}\cdot 9\left(1+\frac{1}{9}\right)}=+0{,}0663,$$

$$\bar{A}_{21}=-\frac{\frac{1}{3}+\frac{9}{125}}{\frac{162}{256}+\frac{1}{16}\left(1+\frac{81}{625}\right)+\frac{1}{2\cdot 64}\left(9+\frac{81}{25}\right)}=-0{,}507,$$

$$\bar{A}_{22}=-\frac{\frac{1}{9}+\frac{3}{125}}{\frac{162}{256}+\frac{81}{16}\left(1+\frac{81}{625}\right)+\frac{9}{2\cdot 64}\left(9+\frac{81}{25}\right)}=+0{,}0187.$$

Um $\sigma_{yo\,max}$ zu finden, muß man in Gleichung 92) $y=o$ und $x=l_1$ einsetzen. Der zweite Teil der rechten Seite mit Faktor $\frac{1}{m}$ wird Null, wie zu erwarten war, da ja $\frac{\partial^2 z}{\partial x^2}$ für $x=l_1$ bei Aufstellung der Randbedingungen Null war.

Es ist zunächst der Ausdruck zu bilden

$$\frac{\varepsilon\cdot m^2}{m^2-1}\cdot\frac{h}{2}\cdot B\cdot\pi^2=\frac{\varepsilon\cdot m^2}{2\,(m^2-1)}\cdot\frac{192\cdot\pi_x\cdot\varepsilon\,(m^2-1)}{m^2\cdot\varepsilon^2\cdot h^3\,\pi^6}\cdot\pi^2=\frac{96\cdot\pi_x}{h^2\cdot\pi^4}$$

$$=\frac{96\cdot 20\,000}{0{,}01\cdot 97{,}4}=1965000,$$

$$\sigma_{yo\,max} = 1\,965\,000 \left[+ 13{,}54 \left(1 - \frac{1}{9}\right) \frac{1}{4} - 0{,}0663 \left(1 - \frac{1}{9}\right) \frac{9}{4} + 0{,}507 \left(- 1 + \frac{9}{25}\right) \frac{1}{4} - 0{,}0187 \left(- \frac{1}{9} + \frac{9}{25}\right) \frac{9}{4}\right].$$

Hieraus erhält man bei Berücksichtigung von

	1	2	3	4 Gliedern
$\sigma_{yo\,max} =$	5 905 000	5 745 000	5 565 600	5 586 120 kg/qm

oder $\sigma_{yo\,max} = 558{,}6$ kg/cm²

gegen 600 kg/cm² bei derselben Platte auf zwei Stützen und 361 kg/cm bei der vierseitig gelagerten Platte.

Für $\sigma_{xo\,max}$ ist die Abszisse x des gefährlichen Punktes aus Gleichung 96) zu berechnen.

$$\cos \frac{\pi x}{4} = \frac{1}{2} \sqrt{\frac{2}{\frac{3}{4} + \frac{1}{3 \cdot 4}}} = \sqrt{\frac{6}{10}} = 0{,}775;$$

$$\frac{\pi x}{4} = 39^0\,10' \text{ oder im Bogenmaß } 0{,}682, \quad x = \frac{4 \cdot 0{,}682}{\pi} = 0{,}87 \text{ m.}$$

$$\frac{\pi x}{4} = 39^0\,10'; \quad \frac{3 \pi x}{4} = 117^0 30'; \quad \frac{5 \pi x}{4} = 195^0\,50'$$

$$\sin \frac{\pi x}{4} = 0{,}682; \quad \sin \frac{3 \pi x}{4} = 0{,}887; \quad \sin \frac{5 \pi x}{4} = - 0{,}273.$$

Setzt man diese Werte und $y = o$ in die Gleichung 92) ein, so erhält man $\sigma_{xo\,max}$ zu

$$\begin{aligned}\sigma_{yo\,max} = 1\,965\,000 \Bigg[& 13{,}54 \left[\frac{1}{16} (0{,}682 + 0{,}887) + \frac{1}{4} \cdot \frac{1}{4} \left(0{,}682 + \frac{1}{9}\, 0{,}887\right)\right] \\ & - 0{,}0663 \left[\frac{1}{16} (0{,}682 + 0{,}887) + \frac{1}{4} \cdot \frac{9}{4} \left(0{,}682 + \frac{1}{9}\, 0{,}887\right)\right] \\ & + 0{,}507 \left[\frac{9}{16} (0{,}887 - 9 \cdot 0{,}273) + \frac{1}{4} \cdot \frac{1}{4} \left(0{,}887 - \frac{9}{25}\, 0{,}273\right)\right] \\ & - 0{,}0187 \left[\frac{9}{16} (0{,}887 - 9 \cdot 0{,}273) + \frac{1}{4} \cdot \frac{9}{4} \left(0{,}887 - \frac{9}{25}\, 0{,}273\right)\right] \Bigg]\end{aligned}$$

Hiermit erhält man bei Berücksichtigung von

	1	2	3	4 Gliedern
$\sigma_{xo\,max} =$	3 910 000	3 840 000	3 009 000	2 847 000 kg/qm

oder $\sigma_{xo\,max} = 284{,}7$ kg/cm²

gegen 600 kg/cm² im gleichen Fall für den Träger auf zwei Stützen und 361 kg/cm² der vierseitig gelagerten Platte.

10. Die an den vier Eckpunkten gelagerte, rechteckige Platte mit gleichförmig verteilter Belastung.

Die rechteckige Platte von der Länge l_1, der Breite l und der Stärke h sei in ihren vier Eckpunkten $A\,B\,C\,D$ frei gelagert und mit einer gleichförmig verteilten Belastung π_z auf die Flächeneinheit belastet.

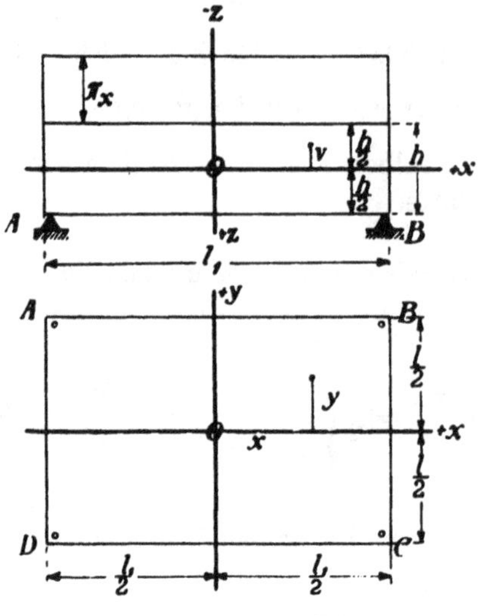

Fig. 16.

In die Platte sei ein Koordinatensystem gelegt, wie aus Fig. 16 ersichtlich, so daß die Mittelebene der Platte die xy-Ebene ist.

Diese Mittelebene der Platte soll nun, ohne Verzerrungen zu erleiden, durch die Biegung in die elastische Fläche übergehen. Die Gleichung dieser Fläche ist unbekannt. Sie soll durch eine trigonometrische Reihe mit zunächst unbekannten Koeffizienten $A_{m'n'}$ ersetzt werden.

$$z = \sum_{n'=1}^{m'=\infty} \sum_{n'=1}^{n=\infty} A_{m'n'} \left(\cos \frac{2m'-1}{l_1} \pi x \cos \frac{2n'-1}{l} \pi y + \cos \frac{2m'-1}{l_1} \pi x + \cos \frac{2n'-1}{l} \pi y\right) \quad \ldots \ldots \ldots \quad (97)$$

Diese Reihe und ihre zur weiteren Berechnungen benutzten Ableitungen müssen nun den Bedingungen genügen, welche die Gleichung der elastischen Fläche und ihre bezüglichen Ableitungen erfüllen müssen.

Wegen der starr vorausgesetzten Auflagerpunkte muß die Einsenkung z in diesen Punkten Null sein.

Für $x = \pm \frac{l_1}{2}$ und gleichzeitig $y = \pm \frac{l}{2}$ wird z nach Gleichung 97) Null, während z für die übrigen Randpunkte der Platte einen endlichen Wert annimmt.

$$\frac{\partial z}{\partial x} = \sum_{m'=1}^{m'=\infty} \sum_{n'=1}^{n'=\infty} - A_{m'n'} \cdot \frac{2m'-1}{l_1} \pi \sin \frac{2m'-1}{l_1} \pi x \left(\cos \frac{2n'-1}{l} \pi y + 1\right) \cdot$$

Wegen der Symmetrie der elastischen Fläche zur x-Achse muß für $x = o$ und alle Werte von y der Ausdruck $\frac{\partial z}{\partial x} = o$ sein. Für $x = \pm \frac{l_1}{2}$ und jeden Wert von x muß $\frac{\partial z}{\partial x}$ verschieden von Null sein.

Beide Bedingungen werden von der Reihe für $\frac{\partial z}{\partial x}$ tatsächlich erfüllt.

$$\frac{\partial^2 z}{\partial x^2} = \sum_{m'=1}^{m'=\infty} \sum_{n'=1}^{n'=\infty} - A_{m'n'} \left(\frac{2m'-1}{l_1}\pi\right)^2 \cos\frac{2m'-1}{l_1}\pi x \left(\cos\frac{2n'-1}{l}\pi y + 1\right) \quad .(98)$$

Da die Komponenten der Biegungsmomente, die in den zur xz-Ebene parallelen Ebenen wirken, an den Plattenrändern AD und BC Null sein müssen, muß auch $\frac{\partial^2 z}{\partial x^2}$ an diesen Rändern Null sein d. h. für $x = \pm \frac{l_1}{2}$ und jeden Wert von y muß $\frac{\partial^2 z}{\partial x^2} = o$ sein. Auch diese Bedingung wird von der gewählten trigonometrischen Reihe erfüllt.

Da die elastische Fläche für die gleichmäßig verteilte Belastung zur x-Achse und zur y-Achse symmetrisch ist, muß auch die Gleichung der elastischen Fläche für x und y gleichwertig gebildet sein, wie dies in der Reihe 97) berücksichtigt ist. Es müssen deshalb auch die Ableitungen von z nach y den entsprechenden Bedingungen genügen, die oben für die Ableitung nach x betrachtet worden sind.

$$\frac{\partial z}{\partial y} = \sum_{m'=1}^{m'=\infty} \sum_{n'=1}^{n'=\infty} - A_{m'n'} \frac{2n'-1}{l}\pi \sin\frac{2n'-1}{l}\pi y \left(\cos\frac{2m'-1}{l_1}\pi x + 1\right).$$

Für $y = 0$ und jeden Wert von x ist $\frac{\partial z}{\partial y} = 0$.

$$\frac{\partial^2 z}{\partial y^2} = \sum_{m'=1}^{m'=\infty} \sum_{n'=1}^{n'=\infty} - A_{m'n'} \left(\frac{2n'-1}{l}\pi\right)^2 \cos\frac{2n'-1}{l}\pi y \left(\cos\frac{2m'-1}{l_1}\pi x + 1\right) \quad (99)$$

Für $y = \pm \frac{l}{2}$ und jeden Wert von x ist $\frac{\partial^2 z}{\partial y^2} = 0$.

Nach Gleichung 9) ist die elastische Energie $\mathfrak{A}$ der Platte

$$\mathfrak{A} = 4 \cdot \frac{\alpha_0{}^2}{2\varepsilon} \cdot \frac{h^3}{12} h^3 \left(1 - \frac{1}{m^2}\right) \frac{\partial^2 z}{\partial y^2} \int_0^{\frac{l_1}{2}} \int_0^{\frac{l}{2}} \left[\left(\frac{\partial^2 z}{\partial x^2}\right)^2 + \left(\frac{\partial^2 z}{\partial y_2}\right)^2 + \frac{2}{m} \cdot \frac{\partial^2 z}{\partial x^2} \cdot \frac{\partial^2 z}{\partial y^2}\right] dx \cdot dy.$$

Hierzu sind zunächst die einzelnen Glieder des Doppelintegrals zu bilden.

$$\int_0^{\frac{l_1}{2}} \int_0^{\frac{l}{2}} \left(\frac{\partial^2 z}{\partial x^2}\right)^2 dx \cdot dy = \int_0^{\frac{l_1}{2}} \int_0^{\frac{l}{2}} \left[\sum_{m'=1}^{m'=\infty} \sum_{n'=1}^{n'=\infty} - A_{m'n'} \left(\frac{2m'-1}{l_1}\pi\right)^2 \right.$$

$$\left. \cdot \cos\frac{2m'-1}{l_1}\pi x \left(\cos\frac{2n'-1}{l}\pi y + 1\right)\right]^2 dy\, dx \quad . \; . \; . \quad (100)$$

Die quadratischen Glieder dieses Ausdruckes haben die Form

$$A^2_{m'n'}\left(\frac{2m'-1}{l_1}\pi\right)^4\int_0^{\frac{l_1}{2}}\int_0^{\frac{l}{2}}\cos^2\frac{2m'-1}{l_1}\pi x\cdot\left(\cos\frac{2n'-1}{l}\pi y+1\right)^2 dx\,dy.$$

Hierbei sind die Integrale zu bilden:

$$A^2_{m'n'}\left(\frac{2m'-1}{l_1}\pi\right)^4\int_0^{\frac{l_1}{2}}\cos^2\frac{2m'-1}{l_1}\pi x\,dx = A^2_{m'n'}\cdot\left(\frac{2m'-1}{l_1}\pi\right)^4\cdot\frac{l_1}{4},$$

$$\int_0^{\frac{l}{2}}\cos^2\frac{2n'-1}{l}\pi y\,dy=\frac{l}{4},$$

$$\int_0^{\frac{l}{2}}2\cos\frac{2n'-1}{l}\pi y\,dy=\frac{2l\cdot(-1)^{n'+1}}{\pi(2n'-1)},\quad \int_0^{\frac{l}{2}}dy=\frac{l}{2}.$$

Die quadratischen Glieder bilden somit die Summe

$$\sum_{m'=1}^{m'=\infty}\sum_{n'=1}^{n'=\infty}A^2_{m'n'}\left(\frac{2m'-1}{l_1}\pi\right)^4\frac{l_1 l}{4}\left(\frac{1}{4}+\frac{2\cdot(-1)^{n'+1}}{\pi(2n'-1)}+\frac{1}{2}\right). \quad . \quad (101)$$

Die Doppelglieder der oben betrachteten quadrierten Summe haben die Form

$$\int_0^{\frac{l_1}{2}}\int_0^{\frac{l}{2}}A_{m'n'}\cdot A_{m'+r,n'+s}\left(\frac{2m'-1}{l_1}\pi\right)^2\left(\frac{2m'+2r-1}{l_1}\pi\right)^2\cos\frac{2m'-1}{l_1}\pi x$$

$$\cdot\cos\frac{2m'+2r-1}{l_1}\pi x\cdot\left(\cos\frac{2n'+2s-1}{l}\pi y\cos\frac{2n'-1}{l}\pi y+\cos\frac{2n'+1}{l}\pi y\right.$$

$$\left.+\cos\frac{2n'+2s-1}{l}\pi y+1\right)dx\cdot dy.$$

Solange $r \neq o$ ist, werden diese Doppelglieder Null, weil sie das Integral enthalten

$$\int_0^{\frac{l_1}{2}}\cos\frac{2m'-1}{l_1}\pi x\cos\frac{2m'+2r-1}{l_1}\pi x\,dx=0.$$

Für $r = o$ werden nur diejenigen Teile der Doppelglieder Null, die das Integral

$$\int_0^{\frac{l}{2}}\cos\frac{2n'+2s-1}{l}\pi y\cdot\cos\frac{2n'-1}{l}\pi y\,dy=0 \text{ enthalten.}$$

Es ist somit für die Doppelglieder nur noch folgendes Integral zu betrachten:

$$\int_0^{\frac{l_1}{2}}\int_0^{\frac{l}{2}} A_{m'n'}\cdot A_{m',n'+s}\left(\frac{2m'-1}{l_1}\pi\right)^4\cos^2\frac{2m'-1}{l_1}\pi x\left(\cos\frac{2n'-1}{l}\pi y\right.$$

$$\left.+\cos\frac{2n'+2s-1}{l}\pi y+1\right)dy\,dx.$$

Die Integrale hierzu sind

$$A_{m'n'}\cdot A_{m',n'+s}\cdot\left(\frac{2m'-1}{l_1}\pi\right)^4\int_0^{l_1}\cos^2\frac{2m'-1}{l_1}\pi x\,dx = A_{m'n'}\cdot A_{m',n'+s}$$

$$\cdot\left(\frac{2m'-1}{l_1}\pi\right)^4\cdot\frac{l_1}{4},$$

$$\int_0^{\frac{l}{2}}\cos\frac{2n'-1}{l}\pi y\,dy = \frac{l\cdot(-1)^{n'+1}}{\pi(2n'-1)},$$

$$\int_0^{\frac{l}{2}}\cos\frac{2n'+2s-1}{l}\pi y\,dy = \frac{l(-1)^{n'+1}}{\pi(2n'+2s-1)},\quad \int_0^{\frac{l}{2}}dy = \frac{l}{2}.$$

Somit bilden die Doppelglieder die dreifache Summe

$$\sum_{m'=1}^{m'=\infty}\sum_{n'=1}^{n'=\infty}\sum_{s=-n'+1}^{s=\infty} A_{m'n'}\cdot A_{m',n'+s}\cdot\left(\frac{2m'-1}{l_1}\pi\right)^4\frac{l\,l_1}{4}$$

$$\cdot\left(\frac{(-1)^{n'+1}}{\pi(2n'-1)}+\frac{(-1)^{n'+1}}{\pi(2n'+2s-1)}+\frac{1}{2}\right)\quad\ldots\ldots\quad(102)$$

Setzt man 101) und 102) in Gleichung 100), so erhält man

$$\int_0^{\frac{l_1}{2}}\int_0^{\frac{l}{2}}\left(\frac{d^2z}{dx^2}\right)^2\cdot dx\,dy = \left(\frac{\pi}{l_1}\right)^4\cdot\frac{l_1 l}{4}\left[\sum_{m'=1}^{m'=\infty}\sum_{n'=1}^{n'=\infty} A^2_{m'n'}\cdot(2m'-1)^4\right.$$

$$\cdot\left(\frac{3}{4}+\frac{2(-1)^{n'+1}}{\pi(2n'-1)}\right)+\sum_{m'=1}^{m'=\infty}\sum_{n'=1}^{n'=\infty}\sum_{s=-n'+1}^{s=\infty} A_{m'n'}\cdot A_{m',n'+s}\cdot(2m'-1)^4$$

$$\left.\cdot\left(\frac{(-1)^{n'+1}}{\pi(2n'-1)}+\frac{(-1)^{n'+1}}{\pi(2n'+2s-1)}+\frac{1}{2}\right)\right]\quad\ldots\ldots\quad(103)$$

Da die für die elastische Fläche angenommene trigonometrische Reihe für x und y völlig symmetrisch gebaut ist, kann durch Vertauschung vom m'—n', l_1—l, r—s, aus der Gleichung 103) auch der entsprechende Ausdruck für $\frac{\partial^2 z}{\partial y^2}$ abgeleitet werden.

$$\int_0^{\frac{l_1}{2}}\int_0^{\frac{l}{2}}\left(\frac{d^2 z}{d y^2}\right)^2 d x\cdot d y=\left(\frac{\pi}{l}\right)^4\cdot\frac{l_1 l}{4}\left[\sum_{m'=1}^{m'=\infty}\sum_{n'=1}^{n'=\infty}A^2_{m'n'}\,(2n'-1)^4\right.$$

$$\cdot\left(\frac{3}{4}+\frac{2(-1)^{m'+1}}{(2m'-1)}\right)+\sum_{m'=1}^{m'=\infty}\sum_{n'=1}^{n'=\infty}\sum_{r=-m'+1}^{r=\infty}A_{m'n'}\cdot A_{m'+r,n'}\,(2n'-1)^4$$

$$\left.\left(\frac{(-1)^{m'+1}}{\pi(3m'-1)}+\frac{(-1)^{m'+1}}{\pi(2m'+2r-1)}+\frac{1}{2}\right)\right]\quad\ldots\ldots\quad(104)$$

Für Gleichung 9) ist ferner zu bilden

$$\int_0^{\frac{l_1}{2}}\int_0^{\frac{l}{2}}\left(\frac{d^2 z}{d x^2}\right)\left(\frac{d^2 z}{d y^2}\right)d x\cdot d y=\int_0^{\frac{l_1}{2}}\int_0^{\frac{l}{2}}\sum_{m'=1}^{m'=\infty}\sum_{n'=1}^{n'=\infty}-A_{m'n'}\cdot\left(\frac{2m'-1}{l_1}\pi\right)^2$$

$$\cdot\cos\frac{2m'-1}{l_1}\pi\,x\cdot\left(\cos\frac{2n'-1}{l}\pi\,y+1\right)$$

$$\cdot\sum_{m'=1}^{m'=\infty}\sum_{n'=1}^{n'=\infty}-A_{m'n'}\left(\frac{2n'-1}{l}\pi\right)^2\cos\frac{2n'-1}{l}\pi\,y\left(\cos\frac{2m'-1}{l_1}\pi\,x+1\right)d x\,d y.$$

(105)

Die quadratischen Glieder dieses Produktes nehmen die Form an

$$\int_0^{\frac{l_1}{2}}\int_0^{\frac{l}{2}}A^2_{m'n'}\left(\frac{2m'-1}{l_1}\pi\right)^2\left(\frac{2n'-1}{l}\pi\right)^2\cos\frac{2m'-1}{l_1}\pi\,x\cdot\cos\frac{2n'-1}{l}\pi\,y$$

$$\left(\cos\frac{2m'-1}{l_1}\pi\,x\cos\frac{2n'-1}{l}\pi\,y+\cos\frac{2m'-1}{l_1}\pi\,x\right.$$

$$\left.+\cos\frac{2n'-1}{l}\pi\,y+1\right)d x\,d y.$$

Für diesen Ausdruck sind die Integrale zu bilden

$$\int_0^{\frac{l_1}{2}}\cos^2\frac{2m'-1}{l_1}\pi\,x\,d x=\frac{l_1}{4},\quad\int_0^{\frac{l}{2}}\cos^2\frac{2n'-1}{l}\pi\,y\,d y=\frac{l}{4},$$

$$\int_0^{\frac{l_1}{2}}\cos\frac{2m'-1}{l_1}\pi\,x\,d x=\frac{(-1)^{m'+1}l_1}{(2m'-1)\pi},\quad\int_0^{\frac{l}{2}}\cos\frac{2n'-1}{l}\pi\,y\,d y=\frac{(-1)^{n'+1}l}{(2n'-1)\pi}.$$

Somit bilden die quadratischen Glieder die Summe

$$\sum_{m'=1}^{m'=\infty}\sum_{n'=1}^{n'=\infty}A^2_{m'n'}\left(\frac{2m'-1}{l_1}\pi\right)^2\left(\frac{2n'-1}{l}\pi\right)^2\left[\frac{l_1 l}{16}+\frac{l_1}{4}\cdot\frac{(-1)^{n'+1}\cdot l}{(2n'-1)\pi}+\frac{l}{4}\right.$$

$$\left.\cdot\frac{(-1)^{m'+1}l_1}{(2m'-1)\pi}+\frac{(-1)^{m'+1}l_1\cdot(-1)^{n'+1}l}{\pi^2(2m'-1)(2n'-1)}\right]=\sum_{m'=1}^{m'=\infty}\sum_{n'=1}^{n'=\infty}A^2_{m'n'}\left(\frac{2m'-1}{l_1}\pi\right)^2$$

$$\cdot\left(\frac{2n'-1}{l}\pi\right)^2\cdot\frac{l l_1}{4}\left(\frac{1}{4}+\frac{(-1)^{n'+1}}{\pi(2n'-1)}+\frac{(-1)^{m'+1}}{\pi(2m'-1)}+\frac{4\cdot(-1)^{m'+n'}}{\pi^2(2m'-1)(2n'-1)}\right).\quad(106)$$

Die Doppelglieder des betrachteten Produktes lauten

$$\int_0^{\frac{l_1}{2}}\int_0^{\frac{l_1}{2}} A_{m'n'} \cdot A_{m'+r,\, n'+s} \cdot \left(\frac{2m'-1}{l_1}\pi\right)^2 \left(\frac{2n'-1}{l}\pi\right)^2 \cos\frac{2m'-1}{l_1}\pi x \cdot \left(\cos\frac{2n'-1}{l}\pi y + 1\right)$$

$$\cdot \cos\frac{2n'+2s-1}{l}\pi y \left(\cos\frac{2m'+2r-1}{l_1}\pi x + 1\right) \cdot dx\, dy. \quad . \quad . \quad (107)$$

Durch Ausmultiplizieren entstehen folgende Teilglieder:

$$\int_0^{\frac{l_1}{2}}\int_0^{\frac{l}{2}} \cos\frac{2m'-1}{l_1}\pi x \cdot \cos\frac{2n'+2s-1}{l}\pi y \cdot \cos\frac{2n'-1}{l}\pi y \cdot \cos\frac{2m'+2r-1}{l_1}\pi x\, dx\, dy = 0;$$

$$\int_0^{\frac{l_1}{2}}\int_0^{\frac{l}{2}} \cos\frac{2m'-1}{l_1}\pi x \cdot \cos\frac{2n'+2s-1}{l}\pi y \cdot \cos\frac{2n'-1}{l}\pi y\, dx\, dy \text{ für } s \neq 0$$

wird dieser Ausdruck Null, dagegen ist für $s = o$

$$\int_0^{\frac{l_1}{2}}\int_0^{\frac{l}{2}} \cos\frac{2m'-1}{l_1}\pi x \cdot \cos^2\frac{2n'-1}{l}\pi y\, dx \cdot dy = \frac{l}{4} \cdot \frac{l_1 (-1)^{m'+1}}{(2m'-1)\pi},$$

$$\int_0^{\frac{l_1}{2}}\int_0^{\frac{l}{2}} \cos\frac{2m'-1}{l_1}\pi x \cos\frac{2n'+2s-1}{l}\pi y \cdot \cos\frac{2m'+2r-1}{l_1}\pi x\, dy\, dx \text{ für } r \neq 0$$

wird dieses Glied Null, während für $r = o$ ist

$$\int_0^{\frac{l_1}{2}}\int_0^{\frac{l}{2}} \cos^2\frac{2m'-1}{l_1}\pi x \cdot \cos\frac{2n'+2s-1}{l}\pi y \cdot dx \cdot dy = \frac{l_1}{4} \cdot \frac{l (-1)^{n'+1}}{(2n'+2s-1)\pi},$$

$$\int_0^{\frac{l_1}{2}}\int_0^{\frac{l}{2}} \cos\frac{2m'-1}{l_1}\pi x \cos\frac{2n'+2s-1}{l}\pi y\, dx \cdot dy = \frac{l l_1 (-1)^{m'+n'}}{\pi^2 (2m'-1)(2n'+2s-1)}.$$

Setzt man diese Ausdrücke in die Gleichung 107) ein, so erhält man für die Doppelglieder des Produktes die dreifache Summe

$$\sum_{m'=1}^{m'=\infty} \sum_{n'=1}^{n'=\infty} \sum_{s=-n'+1}^{s=\infty} A_{m'n'} \cdot A_{m',\, n'+s} \cdot \left(\frac{2m'-1}{l_1}\pi\right)^2 \left(\frac{2n'-1}{l}\pi\right)^2 \frac{l l_1}{4} \left[\frac{(-1)^{m'+1}}{(2m'-1)\pi}\right.$$

$$\left. + \frac{(-1)^{n'+1}}{2n'+2s-1)\pi} + \frac{4 \cdot (-1)^{m'+n'}}{\pi^2 (2m'-1)(2n'+2s-1)}\right].$$

Aus der Doppelsumme der quadratischen Glieder und der dreifachen Summe der Doppelglieder erhält man nun das Produkt

$$\int_0^{\frac{l_1}{2}}\int_0^{\frac{l}{2}}\left(\frac{\partial^2 z}{\partial x^2}\right)\left(\frac{\partial^2 z}{\partial y^2}\right)\cdot dx\cdot dy = \frac{l l_1}{4}\left[\sum_{m'=1}^{m'=\infty}\sum_{n'=1}^{n'=\infty} A_{m'n'}\cdot\left(\frac{2m'-1}{l_1}\pi\right)^2\left(\frac{2n'-1}{l}\pi\right)^2\right.$$

$$\cdot\left(\frac{1}{4}+\frac{(-1)^{n'+1}}{\pi(2n'+1)}+\frac{(-1)^{m'+1}}{\pi(2m'-1)}+\frac{4(-1)^{m'+n'}}{\pi^2(2m'-1)(2n'-1)}\right)+\sum_{m'=1}^{m'=\infty}\sum_{n'=1}^{n'=\infty}\sum_{s=-n'+1}^{s=\infty} A_{m'n'}$$

$$\cdot A_{m',n'+s}\cdot\left(\frac{2m'-1}{l_1}\pi\right)^2\left(\frac{2n'-1}{l}\pi\right)^2\left(\frac{(-1)^{m'+1}}{(2m'-1)\pi}+\frac{(-1)^{n'+1}}{(2n'+2s-1)\pi}\right.$$

$$\left.\left.+\frac{4\cdot(-1)^{m'+n'}}{\pi^2(2m'-1)(2n'+2s-1)}\right)\right] \quad \ldots\ldots, \quad (108)$$

Nachdem nunmehr die einzelnen Glieder der elastischen Energie $\mathfrak{A}$ berechnet sind, erhält man mit Hilfe der Gleichungen 103), 104) und 108) die elastische Energie $\mathfrak{A}$ der Platte zu

$$\mathfrak{A}=\frac{4\cdot \alpha_0^2 h^3\left(1-\frac{1}{m^2}\right)}{24\cdot\varepsilon}\left[\left(\frac{\pi}{l_1}\right)^4\cdot\frac{l l_1}{4}\left(\sum_{m'=1}^{m'=\infty}\sum_{n'=1}^{n'=\infty} A^2_{m'n'}(2m'-1)^4\left(\frac{3}{4}+\frac{2(-1)^{n'+1}}{\pi(2n'-1)}\right)\right.\right.$$

$$+\sum_{m'=1}^{m'=\infty}\sum_{n'=1}^{n'=\infty}\sum_{s=-n'+1}^{s=\infty} A_{m'n'}\cdot A_{m',n'+s}(2m'-1)^4\cdot\left(\frac{(-1)^{n'+1}}{\pi(2n'-1)}\right.$$

$$\left.\left.+\frac{(-1)^{n'+1}}{\pi(2n'+2s-1)}+\frac{1}{2}\right)\right)+\left(\frac{\pi}{l}\right)^4\cdot\frac{l l_1}{4}\left(\sum_{m'=1}^{m'=\infty}\sum_{n'=1}^{n'=\infty} A^2_{m'n'}(2n'-1)^4\right.$$

$$\cdot\left(\frac{3}{4}+\frac{2\cdot(-1)^{m'+1}}{\pi(2m'-1)}\right)+\sum_{m'=1}^{m'=}\sum_{n'=1}^{n'=}\sum_{r=-m'+1}^{r=\infty} A_{m'n'}\cdot A_{m'+r,n'}\cdot(2m'-1)^4$$

$$\cdot\left.\left(\frac{(-1)^{m'+1}}{\pi(2m'-1)}+\frac{(1-)^{m'+1}}{\pi(2m'+2r-1)}+\frac{1}{2}\right)\right)+\frac{2}{m}\cdot\frac{l l_1}{4}\cdot\frac{\pi^4}{(l l_1)^2}\cdot\left(\sum_{m'=1}^{m'=\infty}\sum_{n'=1}^{n'=\infty} A^2_{m'n'}\right.$$

$$\cdot(2m'-1)^2(2n'-1)^2\left(\frac{1}{4}+\frac{(-1)^{n'+1}}{\pi(2n'+1)}+\frac{(-1)^{m'+1}}{\pi(2m'-1)}+\frac{4(-1)^{m'+n'}}{\pi^2(2m'-1)(2n'-1)}\right)$$

$$+\sum_{m'=1}^{m'=}\sum_{n'=1}^{n'=}\sum_{s=-n'+1}^{s=\infty} A_{m'n'}\cdot A_{m',n'+s}(2m'-1)^2(2n'-1)^2\left(\frac{(-1)^{m'+1}}{\pi(2m'-1)}\right.$$

$$\left.\left.\left.+\frac{(-1)^{n'+1}}{\pi(2n'+2s-1)}+\frac{4(-1)^{m'+n'}}{\pi^2(2m'-1)(2n'+2s-1)}\right)\right)\right] \quad \ldots \quad (109)$$

Zur besseren Übersichtlichkeit dieses langen Ausdruckes sollen folgende Abkürzungen eingeführt werden:

$$
\left.
\begin{aligned}
a_{m'n'} &= \frac{1}{l_1^4}(2m'-1)^4\left(\frac{3}{4}+\frac{2(-1)^{n'+1}}{\pi(2n'-1)}\right),\\
b_{m'n's} &= \frac{1}{l_1^4}(2m'-1)^4\left(\frac{(-1)^{n'+1}}{\pi(2n'-1)}+\frac{(-1)^{n'+1}}{\pi(2n'+2s-1)}+\frac{1}{2}\right),\\
c_{m'n'} &= \frac{1}{l^4}(2n'-1)^4\left(\frac{3}{4}+\frac{2(-1)^{m'+1}}{\pi(2m'-1)}\right),\\
d_{m'n'r} &= \frac{1}{l^4}(2n'-1)^4\left(\frac{(-1)^{m'+1}}{\pi(2m'-1)}+\frac{(-1)^{m'+1}}{\pi(2m'+2r-1)}+\frac{1}{2}\right),\\
e_{m'n'} &= \frac{1}{(ll_1)^2}(2m'-1)^2(2n'-1)^2\left(\frac{1}{4}+\frac{(-1)^{n'+1}}{\pi(2n'-1)}+\frac{(-1)^{m'+1}}{\pi(2m'-1)}\right.\\
&\qquad\left.+\frac{4\cdot(-1)^{m'+n'}}{\pi^2(2m'-1)(2n'-1)}\right),\\
f_{m'n's} &= \frac{1}{(ll_1)^2}(2m'-1)^2(2n'-1)^2\left(\frac{(-1)^{m'+1}}{\pi(2m'-1)}+\frac{(-1)^{n'+1}}{\pi(2n'+2s-1)}\right.\\
&\qquad\left.+\frac{4(-1)^{m'+n'}}{\pi^2(2m'-1)(2n'+2s-1)}\right).
\end{aligned}
\right\} \quad (110)
$$

Nach Einführung der Abkürzungen kann die elastische Energie kürzer geschrieben werden

$$
\begin{aligned}
\mathfrak{A} = {} & \frac{4a_0{}^2h^3\left(1-\frac{1}{m^2}\right)}{24\cdot\varepsilon}\,\frac{ll_1}{4}\cdot\pi^4\left[\sum_{m'=1}^{m'=\infty}\sum_{n'=1}^{n'=\infty}A^2_{m'n'}\cdot a_{m'n'}\right.\\
&+\sum_{m'=1}^{m'=}\sum_{n'=1}^{n'=}\sum_{s=-n'+1}^{s=\infty}A_{m'n'}\cdot A_{m',n'+s}\cdot b_{m'n's}+\sum_{m'=1}^{m'=\infty}\sum_{n'=1}^{n'=\infty}A^2_{m'n'}\cdot c_{m'n'},\\
&+\sum_{m'=1}^{m'=}\sum_{n'=1}^{n'=}\sum_{r=-m'+1}^{r=\infty}A_{m'n'}\cdot A_{m'+r,n'}\,d_{m'n'r}+\frac{2}{m}\left(\sum_{m'=1}^{m'=\infty}\sum_{n'=1}^{n'=\infty}A_{m'n'}\cdot e_{m'n'}\right.\\
&\left.\left.+\sum_{m'=1}^{m'=}\sum_{n'=1}^{n'=}\sum_{s=-n'+1}^{s=\infty}A_{m'n'}\cdot A_{m',n'+s}\cdot f_{m'n's}\right)\right]. \quad . \quad . \quad . \quad (111)
\end{aligned}
$$

Für die weitere Behandlung der Platte ist nun die Deformationsarbeit $\mathfrak{T}$ der äußeren Kräfte der Platte zu berechnen. Da die Auflager starr sein sollen, beschränkt sich diese Arbeit auf die Arbeit der gleichförmig verteilten Belastung π_x der Flächeneinheit.

$$
\mathfrak{T} = 4\cdot\int_0^{\frac{l_1}{2}}\int_0^{\frac{l}{2}}\frac{\pi_x}{2}\cdot z\,d\,y\,d\,x.
$$

Setzt man z aus der Reihe 97) hier ein, so erhält man

$$
\begin{aligned}
\mathfrak{T} = 4\cdot\frac{\pi_x}{2}\int_0^{\frac{l_1}{2}}\int_0^{\frac{l}{2}} & \left[\sum_{m'=1}^{m'=\infty}\sum_{n'=1}^{n'=\infty}A_{m'n'}\left(\cos\frac{2m'-1}{l_1}\pi x\cdot\cos\frac{2n'-1}{l}\pi y\right.\right.\\
&\left.\left.+\cos\frac{2m'-1}{l_1}\pi x\cdot\cos\frac{2n'-1}{l}\pi y\right)\right]d\,x\,d\,y.
\end{aligned}
$$

Führt man die Integration gliedweise durch, wobei die bereits mehrfach benutzten Integralwerte zu verwenden sind, so kann man für die Deformationsarbeit $\mathfrak{T}$ folgende Doppelsumme schreiben

$$\mathfrak{T} = 4 \cdot \frac{\pi_x}{2} \sum_{m'=1}^{m'=\infty} \sum_{n'=1}^{n'=\infty} A_{m'n'} \left(\frac{(-1)^{m'+1} \cdot l_1 \cdot (-1)^{n'+1} \cdot l}{\pi^2 (2m'-1)(2n'-1)} + \frac{(-1)^{m'+1} \cdot l_1}{(2m'-1)\pi} \cdot \frac{l}{2} \right.$$

$$\left. + \frac{(-1)^{n'+1} \cdot l}{(2n'-1)\pi} \cdot \frac{l_1}{2} \right)$$

$$\mathfrak{T} = \frac{4 \cdot \pi_x}{2 \cdot \pi} \cdot l l_1 \cdot \sum_{m'=1}^{m'=\infty} \sum_{n'=1}^{n'=\infty} A_{m'n'} \left(\frac{(-1)^{m'+n'}}{\pi (2m'-1)(2n'-1)} \right.$$

$$\left. + \frac{(-1)^{m'+1}}{2(2m'-1)} + \frac{(-1)^{n'+1}}{(2(n'-1)} \right) \quad . \; . \; . \; . \; . \quad (112)$$

oder mit der Abkürzung

$$g_{m'n'} = \frac{(-1)^{m'+n'}}{\pi (2m'-1)(2n'-1)} + \frac{(-1)^{m'+1}}{2(m'-1)} + \frac{(-1)^{n'+1}}{2(n'-1} \qquad (113)$$

$$\mathfrak{T} = \frac{4 \cdot \pi_x}{2\pi} \cdot l l_1 \sum_{m'=1}^{m'=\infty} \sum_{n'=1}^{n'=\infty} A_{m'n'} \cdot g_{m'n'} \, . \quad . \; . \; . \; . \quad (114)$$

Die elastische Energie ist gleich der negativen Deformationsarbeit.

$$\mathfrak{A} = -\mathfrak{T}.$$

Bezeichnet man zur Abkürzung den Wert des Ausdruckes in der eckigen Klammer der Gleichung 111) mit [ ], so kann man schreiben

$$\frac{4\, a_6{}^2 h^3 \left(1 - \frac{1}{m^2}\right)}{24 \cdot \varepsilon} \pi^4 \cdot \frac{l l_1}{4} \cdot \Big[\quad \Big] = -\frac{4 \cdot \pi_x}{2\pi} l l_1 \sum_{m'=1}^{m'=\infty} \sum_{n'=1}^{n'=\infty} A_{m'n'} \cdot g_{m'n'} \, .$$

Durch Umformung dieser Gleichung und Einführung der Abkürzungen B, Z und N erhält man

$$B = -\frac{\pi_x \cdot 48 \cdot \varepsilon}{\pi^5 \cdot a_0{}^2 \cdot h^3 \left(1 - \frac{1}{m^2}\right)} = \frac{[\,]}{\sum\limits_{m'=1}^{m'=\infty} \sum\limits_{n'=1}^{n'=\infty} A_{m'n'} \cdot g_{m'n'}} = \frac{Z}{N} \, . \qquad (115)$$

Es sind jetzt noch die unbekannten Koeffizienten $A_{m'n'}$ zu bestimmen, wie dies bei bei den bereits früher berechneten Platten durchgeführt worden ist.

In der Gleichung 115) ist die Belastung der Flächeneinheit π_x als Funktion der Koeffizienten $A_{m'n'}$ ausgedrückt. Von allen den durch die Veränderlichkeit der Beiwerte $A_{m'n'}$ möglichen Belastungen π_x ist die kleinste zu suchen, welche zu einer gegebenen Einbiegung gehört. Daher bestehen für die Größen $A_{m'n'}$ die Gleichungen

$$\frac{\partial B}{\partial A_{m'n'}} = 0.$$

Diese Gleichungen sind jedoch homogene, weil sämtliche Glieder des Zählers Z und des Nenners N unbekannte Größen $A_{m'n'}$ enthalten.

$$\frac{\partial B}{\partial A_{m'n'}} = \Bigg[2 \cdot A_{m'n'}\left(a_{m'n'} + c_{m'n'} + \frac{2}{m} \cdot e_{m'n'}\right) + \sum_{s=n'+1}^{s=\infty} A_{m'n'+s'} \cdot b_{m'n's}$$

$$+ \sum_{r=m'+1}^{m'=\infty} A_{m'+r,n'} \cdot d_{m'n'r} + \sum_{s=n'+1}^{s=\infty} A_{m',n'+s} \cdot f_{m'n's} \cdot \frac{2}{m}\Bigg] N - g_{m'n'} \cdot Z = 0.$$

Dividiert man diese Gleichung durch N und setzt dabei $\frac{Z}{N} = B$, so erhält man Gleichungen zur Berechnung der unbekannten $A_{m'n'}$.

$$2\,A_{m'n'}\left(a_{m'n'} + c_{m'n'} + \frac{2}{m} \cdot c_{m'n'}\right) + \sum_{s=-n'+1}^{s=\infty} A_{m'n'+s} \cdot \left(b_{m'n's} + f_{m'n's} \cdot \frac{2}{m}\right)$$

$$+ \sum_{r=-m'+1}^{m'=\infty} A_{m'+r,n'} \cdot d_{m'n'r} = g_{m'n'} \cdot B. \quad \ldots \ldots \quad (116)$$

Da diese Gleichungen homogen sind, genügen sie zur Berechnung der Unbekannten $A_{m'n'}$ noch nicht. Sie werden befriedigt von jedem $\lambda \cdot A_{m'n'}$, so daß also jetzt noch durch Zuhilfenahme einer weiteren Gleichung der Faktor λ bestimmt werden müßte. Hierzu könnte die Gleichung 115) benutzt werden. Wie aus der Behandlung der früheren Fälle bereits zu ersehen ist, ergibt sich stets $\lambda = 2$. Demnach kann man in den Gleichungen 116) (2. $A_{m'n'}$) als die zu bestimmenden unbekannten Koeffizienten ansehen. Zur bequemeren Rechnung soll noch gesetzt werden

$$\frac{2\,A_{m'n'}}{B} = \bar{A}_{m'n'}.$$

$$g_{m'n'} = \bar{A}_{m'n'}\left(a_{m'n'} + c_{m'n'} + \frac{2}{m} \cdot e_{m'n'}\right) + \sum_{s=n'+1}^{s=\infty} \bar{A}_{m',n'+s} \frac{b_{m'n's} + f_{m'n's} \cdot \frac{2}{m}}{2}$$

$$+ \sum_{r=m'+1}^{r=\infty} \bar{A}_{m'+r,n'} \cdot \frac{d_{m'n'r}}{2} \quad \ldots \ldots \quad (117)$$

Aus den Gleichungen 117) können nun die Unbekannten $A_{m'n'}$ berechnet werden und damit auch die Koeffizienten $A_{m'n'}$ der trigonometrischen Reihen, für welche $A_{m'n'} = \bar{A}_{m'n'} \cdot B$ zu setzen ist.

Es sollen zunächst nur vier Glieder der trigonometrischen Reihe berücksichtigt werden, so daß auch nur die Beiwerte A_{11}, A_{12}, A_{21} und A_{22} zu berechnen sind. Hierzu müssen zuerst die mit kleinen lateinischen Buchstaben bezeichneten Größen der Gleichungen 110) und 113) betrachtet werden.

$$\underline{m' = 1, \quad n' = 1, \quad s = 1, \quad r = 1;}$$

$$a_{11} = \frac{1}{l_1^4}\left(\frac{3}{4} + \frac{2}{\pi}\right), \qquad c_{11} = \frac{1}{l^4}\left(\frac{3}{4} + \frac{2}{\pi}\right),$$

$$e_{11} = \frac{1}{(ll_1)^2}\left(\frac{1}{4} + \frac{2}{\pi} + \frac{4}{\pi^2}\right), \qquad b_{111} = \frac{1}{l_1^4}\left(\frac{1}{2} + \frac{1}{\pi} + \frac{1}{3\pi}\right),$$

$$f_{111} = \frac{1}{(ll_1)^2}\left(\frac{1}{\pi} + \frac{1}{3\pi} + \frac{4}{3\pi^2}\right), \qquad d_{111} = \frac{1}{l^4}\left(\frac{1}{2} + \frac{1}{\pi} + \frac{1}{3\pi}\right),$$

$$g_{11} = \frac{1}{\pi} + 1.$$

$m' = 1, n' = 2, r = 1, s = -1;$

$$a_{12} = \frac{1}{l_1^4}\left(\frac{3}{4} - \frac{2}{3}\pi\right), \qquad c_{12} = \left(\frac{3}{l}\right)^4\left(\frac{3}{4} + \frac{2}{\pi}\right),$$

$$e_{12} = \left(\frac{3}{l l_1}\right)^2\left(\frac{1}{4} - \frac{1}{3\pi} + \frac{1}{\pi} - \frac{4}{3\pi^2}\right), \qquad b_{12-1} = \frac{1}{l_1^4}\left(\frac{1}{2} - \frac{1}{3\pi} - \frac{1}{\pi}\right),$$

$$f_{12-1} = \left(\frac{3}{l l_1}\right)^2\left(\frac{-4}{\pi^2}\right), \qquad d_{121} = \left(\frac{3}{l}\right)^4\left(\frac{1}{2} + \frac{1}{\pi} + \frac{1}{3\pi}\right),$$

$$g_{12} = -\frac{1}{3\pi} + \frac{1}{2} - \frac{1}{6} = \frac{1}{3} - \frac{1}{3\pi}.$$

$m' = 2, \quad n' = 1, \quad r = -1, \quad s = 1;$

$$a_{21} = \left(\frac{3}{l_1}\right)^4\left(\frac{3}{4} + \frac{2}{\pi}\right), \qquad c_{21} = \frac{1}{l^4}\left(\frac{3}{4} - \frac{2}{3\pi}\right),$$

$$e_{21} = \left(\frac{3}{l l_1}\right)^2\left(\frac{1}{4} + \frac{1}{\pi} - \frac{1}{3\pi} - \frac{4}{3\pi^2}\right), \qquad b_{211} = \left(\frac{3}{l_1}\right)^4\left(\frac{1}{2} + \frac{1}{\pi} + \frac{1}{3\pi}\right),$$

$$f_{211} = \left(\frac{3}{l l_1}\right)^2\left(\frac{-4}{9\pi^2}\right), \qquad d_{21-1} = \frac{1}{l^4}\left(\frac{1}{2} - \frac{1}{3\pi} - \frac{1}{\pi}\right),$$

$$g_{21} = -\frac{1}{3\pi} - \frac{1}{6} + \frac{1}{2} = \frac{1}{3} - \frac{1}{3\pi}.$$

$m' = 2, \quad n' = 2, \quad r = -1, \quad s = -1;$

$$a_{22} = \left(\frac{3}{l_1}\right)^4\left(\frac{3}{4}\right) - \frac{2}{3\pi}\Big), \qquad c_{22} = \left(\frac{3}{l}\right)^4\left(\frac{3}{4} - \frac{2}{3\pi}\right),$$

$$e_{22} = \left(\frac{3}{l l_1}\right)^2\left(\frac{1}{4} - \frac{2}{3\pi} + \frac{4}{9\pi^2}\right), \qquad b_{22-1} = \left(\frac{3}{l_1}\right)^4\left(\frac{1}{2} - \frac{1}{3\pi} - \frac{1}{\pi}\right),$$

$$f_{22-1} = \left(\frac{3}{l l_1}\right)^2\left(-\frac{1}{3\pi} - \frac{1}{\pi} + \frac{4}{3\pi^2}\right), \qquad d_{22-1} = \left(\frac{3}{l}\right)^4\left(\frac{1}{2} - \frac{1}{3\pi} - \frac{1}{\pi}\right),$$

$$g_{22} = \frac{1}{9\pi} - \frac{2}{6}.$$

Die unbekannten Koeffizienten $A_{m'n'}$ erhält man für die vier ersten Reihenglieder aus der Gleichung 116) zu

$$\left.\begin{aligned}
\bar{A}_{11}\left(a_{11} + c_{11} + \frac{2}{m}e_{11}\right) + \bar{A}_{12}\left(\frac{b_{111}}{2} + \frac{f_{111}}{m}\right) + \bar{A}_{12}\cdot\frac{d_{111}}{2} &= g_{11},\\
\bar{A}_{12}\left(a_{12} + c_{12} + \frac{2}{m}\cdot e_{12}\right) + \bar{A}_{11}\left(\frac{b_{12-1}}{2} + \frac{f_{12-1}}{m}\right) + \bar{A}_{22}\frac{d_{121}}{2} &= g_{12},\\
\bar{A}_{21}\left(a_{21} + c_{21} + \frac{2}{m}\cdot e_{21}\right) + \bar{A}_{22}\left(\frac{b_{211}}{2} + \frac{f_{211}}{m}\right) + \bar{A}_{11}\cdot\frac{d_{21-1}}{2} &= g_{21},\\
\bar{A}_{22}\left(a_{22} + c_{22} + \frac{2}{m}\cdot e_{22}\right) + \bar{A}_{21}\left(\frac{b_{22-1}}{2} + \frac{f_{22-1}}{m}\right) + \bar{A}_{12}\frac{d_{22-1}}{2} &= g_{22}.
\end{aligned}\right\} \quad (118)$$

Für die Koeffizienten der trigonometrischen Reihen ist nunmehr zu setzen

$$A_{m'n'} = B\bar{A}_{m'n'} = -\frac{\pi_x \cdot 48 \cdot \varepsilon}{\pi^6 \cdot a_0^2 \cdot h^3\left(1-\frac{1}{m^2}\right)}\,\bar{A}_{m'n'}.$$

Mit Hilfe der Beiwerte $A_{m'n'}$ können nunmehr die Reihe für die elastische Fläche und ihre Ableitungen angeschrieben und somit auch noch die in der Platte auftretenden Normalspannungen σ_x und σ_y nach Gleichung 1) berechnet werden.

Für die Oberflächenspannungen σ_{xo} und σ_{yo} im Punkte xy erhält man

$$\left.\begin{aligned}
\sigma_{xo} = \varepsilon \cdot \frac{h}{2} \cdot \frac{m^2}{m^2-1} \cdot B \Bigg[& \sum_{m'=1}^{m'=\infty}\sum_{n'=1}^{n'=\infty} -\bar{A}_{m'n'}\left(\frac{2m'-1}{l_1}\pi\right)^2 \cos\frac{2m'-1}{l_1}\pi x \\
& \cdot\left(\cos\frac{2n'-1}{l}\pi y+1\right)+\frac{1}{m}\cdot\sum_{m'=1}^{m'=\infty}\sum_{n'=1}^{n'=\infty}-\bar{A}_{m'n'}\left(\frac{2n'-1}{l}\pi\right)^2 \\
& \cdot\cos\frac{2n'-1}{l}\pi y\left(\cos\frac{2m'-1}{l_1}\pi x+1\right)\Bigg], \\
\sigma_{yo} = \varepsilon \cdot \frac{h}{2} \cdot \frac{m^2}{m^2-1} \cdot B \Bigg[& \sum_{m'=1}^{m'=\infty}\sum_{n'=1}^{n'=\infty} -\bar{A}_{m'n'}\left(\frac{2n'-1}{l}\pi\right)^2 \cos\frac{2n'-1}{l}\pi y \\
& \left(\cos\frac{2m'-1}{l_1}\pi x+1\right)+\frac{1}{m}\cdot\sum_{m'=1}^{m'=\infty}\sum_{n'=1}^{n'=\infty}-\bar{A}_{m'n'}\left(\frac{2m'-1}{l_1}\pi\right)^2 \\
& \cos\frac{2m'-1}{l_1}\pi x\left(\cos\frac{2n'-1}{l}\pi y+1\right)\Bigg].
\end{aligned}\right\} \quad (119)$$

Die größten Oberflächenspannungen parallel zu den Achsen ergeben sich in dem Punkte $x = o$, $y = o$. Sie seien mit σ_{xom} und σ_{yom} bezeichnet.

$$\left.\begin{aligned}
\sigma_{xom} = \varepsilon \cdot \frac{h}{2} \cdot \frac{m^2}{m^2-1} \cdot B & \left[\left(\frac{\pi}{l_1}\right)^2 \cdot 2 \cdot \sum_{m'=1}^{m'=\infty}\sum_{n'=1}^{n'=\infty} -\bar{A}_{m'n'}\,(2m'-1)^2\right. \\
& \left. + \left(\frac{\pi}{l}\right)^2 \cdot \frac{2}{m} \cdot \sum_{m'=1}^{m'=\infty}\sum_{n'=1}^{n'=\infty} -\bar{A}_{m'n'} \cdot (2n'-1)^2\right], \\
\sigma_{yom} = \varepsilon \cdot \frac{h}{2} \cdot \frac{m^2}{m^2-1} \cdot B \cdot & \left[\left(\frac{\pi}{l}\right)^2 \cdot 2 \cdot \sum_{m'=1}^{m'=\infty}\sum_{n'=1}^{n'=\infty} -\bar{A}_{m'} \cdot (2n'-1)^2\right. \\
& \left. + \left(\frac{\pi}{l_1}\right)^2 \cdot \frac{2}{m} \cdot \sum_{m'=1}^{m'=\infty}\sum_{n'=1}^{n'=\infty} -\bar{A}_{m'n'} \cdot (2m'-1)^2\right].
\end{aligned}\right\} \quad (120)$$

Berücksichtigt man nur vier Glieder der Reihe und setzt man den oben gegebenen Wert für B ein, sowie $a_0 = \frac{m^2}{m^2-1} \cdot \varepsilon$, so erhält man

$$\left.\begin{aligned}
\sigma_{xom} = \frac{48 \cdot \pi_x}{h^2 \cdot \pi^3} \cdot & \left[\bar{A}_{11}\left(\frac{1}{l_1^2}+\frac{1}{m}\cdot\frac{1}{l^2}\right)+\bar{A}_{12}\left(\frac{1}{l_1^2}+\frac{1}{m}\cdot\frac{9}{l^2}\right)\right. \\
& \left. +\bar{A}_{21}\left(\frac{9}{l_1^2}+\frac{1}{m}\cdot\frac{1}{l^2}\right)+\bar{A}_{22}\left(\frac{9}{l_1^2}+\frac{1}{m}\cdot\frac{9}{l^2}\right)\right], \\
\sigma_{yom} = \frac{48 \cdot \pi_x}{h^2 \cdot \pi^3} \cdot & \left[\bar{A}_{11}\left(\frac{1}{l^2}+\frac{1}{m}\cdot\frac{1}{l_1^2}\right)+\bar{A}_{12}\left(\frac{9}{l^2}+\frac{1}{m}\cdot\frac{1}{l_1^2}\right)\right. \\
& \left. +\bar{A}_{21}\left(\frac{1}{l^2}+\frac{1}{m}\cdot\frac{9}{l_1^2}\right)+\bar{A}_{22}\left(\frac{9}{l^2}+\frac{1}{m}\cdot\frac{9}{l_1^2}\right)\right].
\end{aligned}\right\} \quad \ldots \quad (121)$$

Vergleicht man die Gleichungen 121) mit den maximalen Oberflächenspannungen der vierseitig freigelagerten Platte nach den Gleichungen 28), so erkennt man die Übereinstimmung der Reihen in den eckigen Klammern in beiden Fällen, obwohl in beiden Fällen von ganz verschiedenen trigonometrischen Reihen ausgegangen wurde.

Zahlenbeispiel.

Eine quadratische Platte mit 2,00 m Seitenlänge und von 0,10 m Stärke sei in den vier Eckpunkten freigelagert und mit 20 000 kg/qm gleichförmig belastet. Die Poissonsche Zahl sei $m = 4$. Wie groß sind die größten Normalspannungen?

$$l = l_1 = 2; \quad m = 4.$$

$$\frac{48 \cdot \pi_x}{h^2 \cdot \pi^3} = \frac{28 \cdot 20\,000}{0{,}01 \cdot 31} = 3\,096774,$$

$$a_{11} = \frac{1}{16}\left(\frac{3}{4} + 0{,}64\right) = 0{,}087, \qquad c_{11} = 0{,}087,$$

$$e_{11} = \frac{1}{16}\left(\frac{1}{4} + 0{,}64 + 0{,}405\right) = 0{,}081, \qquad b_{111} = \frac{1}{16}\left(\frac{1}{2} + 0{,}32 + 0{,}11\right) = 0{,}057,$$

$$f_{111} = \frac{1}{16}\left(\frac{1}{2} + 0{,}11 + 0{,}135\right) = 0{,}0617, \qquad d_{111} = 0{,}057,$$

$$g_{11} = 0{,}32 + 1 = 1{,}32.$$

$$a_{12} = \frac{1}{16}\left(\frac{3}{4} - 0{,}212\right) = 0{,}060, \qquad c_{12} = \frac{81}{16}\left(\frac{3}{4} + 0{,}64\right) = 7{,}04,$$

$$e_{12} = \frac{9}{16}(0{,}25 - 0{,}103 + 0{,}32 - 0{,}135) = 0{,}332, \qquad b_{12-1} = \frac{1}{16}(0{,}5 - 0{,}105 - 0{,}32) = 0{,}0048,$$

$$f_{12-1} = \frac{9}{16} \cdot \frac{-4}{9{,}87} = -0{,}228, \qquad d_{12} = \frac{81}{16}(0{,}5 + 0{,}32 + 0{,}103) = 4{,}68,$$

$$g_{12} = -0{,}103 + 0{,}5 - 0{,}166 = 0{,}23.$$

$$a_{21} = 7{,}04, \qquad c_{21} = 0{,}06,$$

$$e_{21} = 0{,}332, \qquad b_{211} = 4{,}68,$$

$$f_{121} = \frac{9}{16} \cdot \frac{-4}{9 \cdot 9{,}87} = -0{,}0253, \quad d_{21-1} = 0{,}0048,$$

$$g_{21} = -0{,}23.$$

$$a_{22} = \frac{81}{16}\left(\frac{3}{4} - 0{,}212\right) = 4{,}86, \qquad c_{22} = 4{,}86,$$

$$e_{22} = \frac{9}{16}(0{,}25 - 0{,}212 - 0{,}045) = -0{,}00394, \quad b_{22-1} = 0{,}0048 \cdot 81 = 0{,}379,$$

$$f_{22-1} = \frac{81}{16}(0{,}105 - 0{,}32 + 0{,}135) = -0{,}41, \qquad d_{22-1} = 0{,}379,$$

$$g_{22} = -0{,}333 + 0{,}035 = 0{,}297.$$

$$\bar{A}_{11}\,(0{,}087+0{,}087+0{,}081)+\bar{A}_{12}\left(\frac{0{,}057}{2}+\frac{0{,}0617}{4}\right)+\bar{A}_{21}\cdot\frac{0{,}057}{2}=1{,}32,$$

$$\bar{A}_{12}\,(0{,}060+7{,}040+0{,}332)+\bar{A}_{11}\left(\frac{0{,}0048}{2}-\frac{0{,}228}{4}\right)+\bar{A}_{22}\cdot\frac{4{,}68}{2}=0{,}23,$$

$$\bar{A}_{21}\,(7{,}04\;+0{,}060+0{,}332)+\bar{A}_{22}\left(\frac{4{,}68}{2}-\frac{0{,}0253}{4}\right)+\bar{A}_{11}\cdot\frac{0{,}0048}{2}=0{,}23,$$

$$\bar{A}_{22}\,(4{,}86\;+4{,}86-0{,}0394)+\bar{A}_{21}\left(\frac{0{,}379}{2}-\frac{0{,}41}{4}\right)+\bar{A}_{12}\cdot\frac{0{,}379}{2}=-0{,}297.$$

$$\bar{A}_{11}\cdot 0{,}255+\bar{A}_{12}\cdot 0{,}0439+\bar{A}_{21}\cdot 0{,}0285=1{,}32,$$

$$\bar{A}_{12}\cdot 7{,}432-\bar{A}_{11}\cdot 0{,}0546+\bar{A}_{22}\cdot 2{,}34\;=0{,}23,$$

$$\bar{A}_{21}\cdot 7{,}432+\bar{A}_{22}\cdot 2{,}334\;+\bar{A}_{11}\cdot 0{,}0024=0{,}23,$$

$$\bar{A}_{22}\cdot 9{,}724+\bar{A}_{21}\cdot 0{,}0087+\bar{A}_{12}\cdot 0{,}1895=-0{,}297.$$

Die vier Gleichungen kann man am bequemsten durch Annäherung lösen, indem man zunächst in der ersten $\bar{A}_{12}$ und $\bar{A}_{21}$ Null annimmt, sodann in der zweiten $\bar{A}_{22}$ Null setzt usw. Die damit gefundenen Werte werden darauf bei der zweiten Berechnung von $\bar{A}_{11}$ aus der ersten Gleichung usw. benutzt. Die zweite Rechnung wird meist genügen. Somit ergibt sich

$$\bar{A}_{11}=\frac{1{,}32}{0{,}255}=5{,}18,$$

$$\bar{A}_{12}=\frac{0{,}23+0{,}0546\cdot 5{,}18}{7{,}432}=0{,}0689,$$

$$\bar{A}_{21}=\frac{0{,}23-0{,}0024\cdot 5{,}18}{7{,}432}=0{,}0293,$$

$$\bar{A}_{22}=\frac{-0{,}297-0{,}087\cdot 0{,}0293-0{,}0689\cdot 0{,}1895}{9{,}724}=-0{,}0321.$$

In zweiter Annäherung erhält man:

$$\bar{A}_{11}=\frac{1{,}32-0{,}0439\cdot 0{,}0689-0{,}0285\cdot 0{,}0293}{0{,}255}=5{,}16 \text{ usw.}$$

$$\bar{A}_{12}=0{,}0788,\qquad \bar{A}_{21}=0{,}0395,\qquad \bar{A}_{22}=-0{,}0326.$$

$$\sigma_{xom}=\sigma_{yom}=3\,096\,774\left[5{,}16\left(\frac{1}{4}+\frac{1}{4}\cdot\frac{1}{4}\right)+0{,}0788\left(\frac{1}{4}+\frac{1}{4}\cdot\frac{9}{4}\right)\right.$$
$$\left.+0{,}0495\left(\frac{9}{4}+\frac{1}{4}\cdot\frac{1}{4}\right)-0{,}0326\left(\frac{9}{4}+\frac{1}{4}\cdot\frac{9}{4}\right)\right]$$
$$=5\,197\,000 \text{ kg/qm}=519{,}7 \text{ kg/cm}^2.$$

Bei Berücksichtigung von

	1	2	3	4 Gliedern wird
$\sigma_{xom}=$	498,0	517,8	546,1	519,7 kg/cm².

Für die gleiche Platte und die gleiche Belastung ergab sich als Träger auf zwei Stützen $\sigma = 600$ kg/cm und als Platte, welche an den Rändern frei gelagert ist $\sigma_{x0} = \sigma_{y0} = 361$ kg/cm². Es dürften somit die größten Normalspannungen der in den vier Ecken gelagerten quadratischen Platte annähernd das arithmetische Mittel zwischen den Spannungen des Trägers auf zwei Stützen und der an den vier Rändern frei gelagerten Platte sein. Dabei ist zu beachten, daß die Spannungen der Platte von der Wahl der Poissonschen Ziffer abhängig sind.

11. Die Auflagerkräfte des Trägers auf zwei Stützen mit gleichförmig verteilter Belastung.

Bezeichnet man mit $\mathfrak{M}_x$ das Biegungsmoment in einem Punkte mit der Abszisse x, eines Trägers auf zwei Stützen, so ist die Vertikalkraft V_x in diesem Punkte

$$V_x = \frac{d\,M_x}{d\,x} = -\varepsilon \cdot \Theta \cdot \frac{d^3\,y}{d\,x^3},$$

wobei ε und Θ der Elastizitätsmodul bzw. das Trägheitsmoment des Trägers sind.

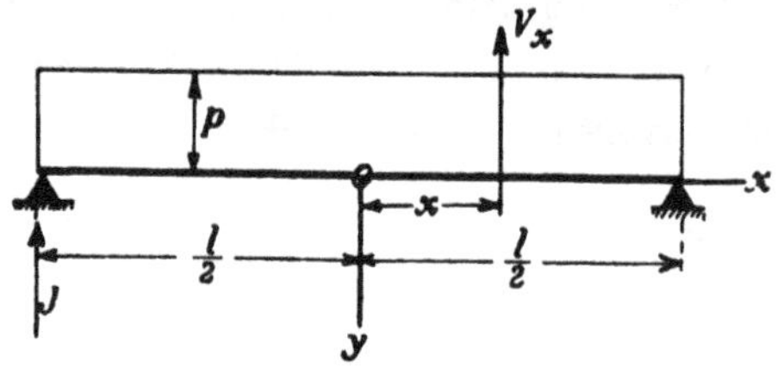

Fig. 17.

Setzt man nun, wie früher, für die elastische Linie die unendliche trigonometrische Reihe

$$y = \sum_{n=1}^{n=\infty} A_n \cdot \cos \frac{2\,n-1}{l}\,\pi \cdot x, \qquad \ldots\ldots\ldots \quad (4)$$

so ist

$$\frac{d^3\,y}{d\,x^3} = \sum_{n=1}^{n=\infty} A_n \cdot \left(\frac{2\,n-1}{l}\,\pi\right)^3 \sin \frac{2\,n-1}{l}\,\pi\,x$$

und

$$V_x = -2 \cdot \Theta \sum_{n=1}^{n=\infty} A_n \left(\frac{2\,n-1}{l}\,\pi\right)^3 \sin \frac{2\,n-1}{l}\,\pi\,x.$$

Für $x = \pm \frac{l}{2}$ wird die Vertikalkraft $V_{\frac{l}{2}}$ gleich dem Stützdruck J

$$J = -\varepsilon \cdot \Theta \cdot \left(\frac{\pi}{l}\right)^3 \sum_{n=1}^{n=\infty} A_n\,(2\,n-1)^3 \cdot (-1)^{n+1}$$

Es soll nun diese Betrachtung auf den auf zwei Stützen frei gelagerten Träger mit konstantem Trägheitsmoment und einer gleichförmig verteilten Belastung p auf die Längeneinheit angewendet werden.

In Gleichung 8) ist für die noch unbekannten Beiwerte A_n gefunden worden

$$A_n = -B' \cdot \frac{(-1)^{n+1}}{(2n-1)^5}; \qquad B' = \frac{4 \cdot p \cdot l^4}{\varepsilon \cdot \Theta \cdot \pi^5}.$$

Setzt man diese Werte in den Ausdruck des Stützdruckes J ein, so erhält man

$$J = \varepsilon \cdot \Theta \left(\frac{\pi}{l}\right)^3 \cdot B' \sum_{n=1}^{n=\infty} \frac{1}{2n(-1)^2} = \frac{4pl}{\pi^2} \cdot \sum_{n=1}^{n=\infty} \frac{1}{(2n-1)^2},$$

$$\sum_{n=1}^{n=\infty} \frac{1}{(2n-1)^2} = \frac{\pi^2}{8};$$

$$J = \frac{4pl}{\pi^2} \cdot \frac{\pi^2}{8} = \frac{pl}{2}.$$

Mithin ergibt für den betrachteten Sonderfall die gewählte trigonometrische Reihe den Stützdruck, wie er aus der Statik bekannt ist.

12. Die Auflagerkräfte der an den vier Seiten freigelagerten, rechteckigen Platte mit gleichförmig verteilter Belastung.

Nach den Betrachtungen der inneren Spannungen einer rechteckigen Platte, welche bei der Entwicklung der Differentialgleichung angestellt werden mußten, kann man die vertikal gerichteten Schubkräfte, welche auf die kleine vertikale

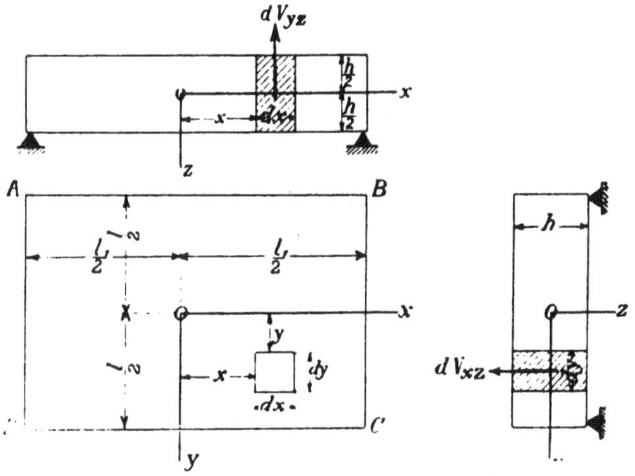

Fig. 18.

Fläche $h \cdot dx$ eines Plattenelementes treffen zu einer Resultante $d\,V_{yz}$ zusammenfassen (vergl. Fig. 18). Der erste der beiden Indices y soll bedeuten, daß die Fläche $h \cdot dx$ zur $x \cdot z$-Ebene parallel ist, und der Index z soll andeuten, daß die Kraft V der z-Achse parallel ist.

In der Gleichung 2) war für $d\,V_{yz}$ befunden worden

$$d\,V_{yz} = -\alpha_0 \cdot \frac{h^3}{12}\left(\frac{\partial^3 z}{\partial y^3} + \frac{1}{m} \cdot \frac{\partial^3 z}{\partial x^2 \partial y}\right) \cdot d\,x.$$

Denkt man sich nun die Gleichung der elastischen Fläche der Platte durch die doppelte, unendliche trigonometrische Reihe gegeben nach Gleichung 12)

$$z = \sum_{m'=1}^{m'=\infty} \sum_{n'=1}^{n'=\infty} A_{m'n'} \cdot \cos \frac{2m'-1}{l_1} \pi x \cdot \cos \frac{2n'-1}{l} \pi y,$$

so erhält man

$$\frac{\partial^3 z}{\partial y^3} = \sum_{m'=1}^{m'=\infty} \sum_{n'=1}^{n'=\infty} A_{m'n'} \left(\frac{2n'-1}{l}\pi\right)^3 \cos \frac{2m'-1}{l_1} \pi x \cdot \sin \frac{2n'-1}{l} \pi y,$$

$$\frac{1}{m} \cdot \frac{\partial^3 z}{\partial x^2 \partial y} = \frac{1}{m} \sum_{m'=1}^{m'=\infty} \sum_{n'=1}^{n'=\infty} A_{m'n'} \left(\frac{2m'-1}{l_1}\pi\right)^2 \left(\frac{2n'-1}{l}\pi\right) \cos \frac{2m'-1}{l_1} \pi x \cdot \sin \frac{2n'-1}{l} \pi y,$$

$$dV_{yz} = -\alpha_0 \cdot \frac{h^3}{12} \cdot \sum_{m'=1}^{m'=\infty} \sum_{n'=1}^{n'=\infty} A_{m'n'} \left(\frac{2n'-1}{l_1}\pi\right) \cos \frac{2m'-1}{l_1} \pi x \cdot \sin \frac{2n'-1}{l} \pi \cdot y \left[\left(\frac{2n'-1}{l}\pi\right)^2 + \frac{1}{m}\left(\frac{2m'-1}{l_1}\pi\right)^2\right] \cdot dx.$$

An dem Rande der Platte ist $y = \pm \frac{l}{2}$ und $d V_{yz} = d V_{\frac{l}{2}z}$.

Die Resultante der Auflagerkräfte längs der Kante AB oder CD soll mit $J_{\frac{l}{2}z}$ bezeichnet werden und diejenigen längs der Kanten AD oder BC mit $J_{\frac{l_1}{2}z}$.

$$J_{\frac{l}{2}z} = \int_{-\frac{l_1}{2}}^{\frac{l_1}{2}} dV_{\frac{l}{2}z},$$

$$J_{\frac{l_1}{2}z} = \int_{-\frac{l}{2}}^{+\frac{l_1}{2}} dV_{\frac{l_1}{2}z}$$

Setzt man nun $y = \frac{l}{2}$, so ist

$$dV_{\frac{l}{2}z} = -\alpha_0 \cdot \frac{h^3}{12} \sum_{m'=1}^{m'=\infty} \sum_{n'=1}^{n'=\infty} A_{m'n'} \left(\frac{2n'-1}{l_1}\pi\right) \left[\left(\frac{2n'-1}{l}\pi\right)^2 + \frac{1}{m} \cdot \left(\frac{2m'-1}{l_1}\pi\right)^2\right] (-1)^{n'+1} \cdot \cos \frac{2m'-1}{l_1} \pi x \cdot dx.$$

$$J_{\frac{l}{2}z} = -\alpha_0 \cdot \frac{h^3}{12} \int_{-\frac{l_1}{2}}^{\frac{l_1}{2}} \sum_{m'=1}^{m'=\infty} \sum_{n'=1}^{n'=\infty} A_{m'n'} \left(\frac{2n'-1}{l}\pi\right) \left[\left(\frac{2n'-1}{l}\pi\right)^2 + \frac{1}{m} \cdot \left(\frac{2m'-1}{l_1}\pi\right)^2\right] \cdot (-1)^{n'+1} \cos \frac{2m'-1}{l_1} \pi x \cdot dx.$$

Bei Integration der einzelnen Reihenglieder ist das Integral zu bilden

$$\int_{-\frac{l_1}{2}}^{\frac{l_1}{2}} \cos\frac{2m'-1}{l_1}\pi x \cdot dx = \frac{2\cdot(-1)^{m'+1}\cdot l_1}{\pi(2m'-1)}.$$

$$J_{\frac{l}{2}z} = -\alpha_0\cdot\frac{h^3}{12}\cdot\frac{2l_1}{\pi}\cdot\sum_{m'=1}^{m'=\infty}\sum_{n'=1}^{n'=\infty} A_{m'n'}\cdot\frac{\pi^3}{l}$$

$$\cdot(2n'-1)\left(\frac{(2n'-1)^2}{l^2(2m'-1)}+\frac{2m'-1}{m\cdot l_1^2}\right)(-1)^{m'+n'} \quad \ldots\ldots \quad (122)$$

Für eine gleichförmig verteilte Belastung π_x auf die Flächeneinheit sind die Beiwerte $A_{m'n'}$ schon berechnet worden.

Nach den Gleichungen 26) ist

$$A_{m'n'} = B\cdot\bar{A}_{m'n'}$$

und nach Gleichung 18) ist

$$B = \frac{192\cdot\pi_x l_1^2 l^2(m^2-1)}{\pi^6\cdot m^2\cdot\varepsilon\cdot h^3}.$$

Setzt man nun B vor die Summenzeichen, so ist zu bilden

$$\alpha_0\cdot\frac{h^3}{12}\cdot B\cdot\frac{2l_1}{l}\pi^2 = \frac{m^2}{m^2-1}\cdot\varepsilon\cdot\frac{h^3}{12}\cdot B\cdot\frac{l_1\pi^2}{l} = \frac{32\cdot\pi_x l_1^3\cdot l}{\pi^4}.$$

$$J_{\frac{l}{2}z} = -\frac{32\pi_x l_1^3\cdot l}{\pi^4}\cdot\sum_{m'=1}^{m'=\infty}\sum_{n'=1}^{n'=\infty}\bar{A}_{m'n'}\cdot(2n'-1)$$

$$\cdot\left(\frac{(2n'-1)^2}{l^2\cdot(m'-1)}+\frac{2m'-1}{m\cdot l_1^2}\right)(-1)^{m'+n'} \quad \ldots\ldots \quad (123)$$

In gleicher Weise könnte man aus der elementaren Vertikalkraft dV_{xz} den Stützdruck $J_{\frac{l_1}{2}z}$ entwickeln. Jedoch ist es einfacher, $J_{\frac{l_1}{2}z}$ aus $J_{\frac{l}{2}z}$ durch entsprechende Vertauschung von l_1—l, m'—n', n'—m' abzuleiten.

$$J_{\frac{l_1}{2}z} = -\frac{32\cdot\pi_x\cdot l^3 l_1}{\pi^4}\cdot\sum_{m'=1}^{m'=\infty}\sum_{n'=1}^{n'=\infty}\bar{A}_{m'n'}(2m'-1)$$

$$\cdot\left(\frac{(2m'-1)^2}{l_1^2(2n'-1)}+\frac{2n'-1}{m\cdot l^2}\right)(-1)^{m'+n'} \quad \ldots\ldots \quad (124)$$

Da $dV_{\frac{l}{2}z}$ sich mit x und $dV_{\frac{l_1}{2}z}$ sich mit y ändern, kann man auch die Änderungen in Kurven darstellen, deren Ordinaten $i_{\frac{l}{2}}$ bzw. $i_{\frac{l_1}{2}z}$ die Stützdrucke auf die Längeneinheit des Plattenrandes AB oder CD bzw. AD oder BC sind.

$$i_{\frac{l}{2}z} = \frac{dV_{\frac{l}{2}z}}{dx}; \qquad i_{\frac{l_1}{2}z} = \frac{dV_{\frac{l_1}{2}z}}{dx}$$

oder

$$i_{\frac{l}{2}z} = -\alpha_0\cdot\frac{h^3}{12}\cdot\sum_{m'=1}^{m'=\infty}\sum_{n'=1}^{n'=\infty}\bar{A}_{m'n'}\cdot\frac{\pi^3}{l}(2n'-1)\left[\left(\frac{2n'-1}{l}\right)^2+\frac{1}{m}\right.$$

$$\left.\cdot\left(\frac{2m'-1}{l_1}\right)^2\right]\cdot(-1)^{n'+1}\cos\frac{2m'-1}{l_1}\pi x.$$

Für die gleichförmig verteilte Belastung π_x auf die Flächeneinheit kann man, wie oben, für die Beiwerte $A_{m'n'}$

$$\bar{A}_{m'n'} = B\, A_{m'n'}$$

setzen, so daß zu bilden ist

$$a_0 \cdot \frac{h^3}{12} \cdot \frac{\pi^3}{l} \cdot B = \frac{m^2 \cdot h^3 \cdot \pi^3}{12 \cdot l \cdot (m^2 - 1)} \cdot \frac{192 \cdot \pi_x l^2 l_1^2 (m^2 - 1)}{\pi^6 \cdot m^2 \cdot \varepsilon \cdot h^3} = \frac{16\, \pi_x l\, l_1^2}{\pi^3} \quad (125)$$

$$i_{\frac{l}{2}z} = -\frac{16 \cdot \pi_x l\, l_1^2}{\pi^3} \cdot \sum_{m'=1}^{m'=\infty} \sum_{n'=1}^{n'=\infty} \bar{A}_{m'n'} (2n' - 1) \left[\left(\frac{2n'-1}{l}\right)^2 + \frac{1}{m}\left(\frac{2m'-1}{l_1}\right)^2\right] \cdot (-1)^{n'+1} \cdot \cos \frac{2m'-1}{l_1} \pi\, x.$$

Durch Vertauschung von l_1—l, m'—n', x—y ergibt sich

$$i_{\frac{l_1}{2}z} = -\frac{16 \cdot \pi_x \cdot l^2 l_1}{\pi^3} \cdot \sum_{m'=1}^{m'=\infty} \sum_{n'=1}^{n'=\infty} \bar{A}_{m'n'} (2m' - 1) \left[\left(\frac{2m'-1}{l_1}\right)^2 + \frac{1}{m}\left(\frac{2n'-1}{l}\right)^2\right] \cdot (-1)^{m'+1} \cdot \cos \frac{2n'-1}{l} \pi \cdot y.$$

(126)

Zahlenbeispiel.

Für eine quadratische Platte von je 2,00 m Stützweite und 0,10 m Stärke, welche an den Rändern frei gelagert und mit 20 000 kg/qm gleichförmig belastet ist, soll unter Annahme der Poissonschen Zahl $m = 4$ der Stützdruck der Plattenränder berechnet und der veränderliche Stützdruck der Längeneinheit des Plattenrandes in einer Kurve dargestellt werden.

$$\frac{32 \cdot \pi_x \cdot l_1^3 \cdot l}{\pi^4} = \frac{32 \cdot 20\,000 \cdot 16}{97{,}4} = 105\,100.$$

Nach dem bereits betrachteten Zahlenbeispiel der an den Rändern frei gelagerten Platte sind

$$\bar{A}_{11} = -0{,}40, \quad \bar{A}_{12} = \bar{A}_{21} = +0{,}00385, \quad \bar{A}_{22} = -0{,}00055,$$
$$\bar{A}_{13} = \bar{A}_{31} = -0{,}00084, \quad \bar{A}_{23} = \bar{A}_{32} + 0{,}000194, \quad \bar{A}_{33} = -0{,}0000712.$$

$$J_{\frac{l}{2}z} = J_{\frac{l_1}{2}z} = 105\,100\Big[0{,}40\left(\frac{1}{4} + \frac{1}{4 \cdot 4}\right) + 0{,}00385 \cdot 3\left(\frac{9}{4} + \frac{1}{4 \cdot 4}\right) + 0{,}00385\left(\frac{1}{12} + \frac{3}{4 \cdot 4}\right)$$
$$+ 0{,}00055 \cdot 3\left(\frac{9}{12} + \frac{3}{4 \cdot 4}\right) + 0{,}00084 \cdot 5\left(\frac{25}{4} + \frac{1}{4 \cdot 4}\right) + 0{,}00084\left(\frac{1}{20} + \frac{5}{4 \cdot 4}\right)$$
$$+ 0{,}000194 \cdot 5\left(\frac{25}{12} + \frac{3}{4 \cdot 4}\right) + 0{,}000194 \cdot 3\left(\frac{9}{20} + \frac{5}{4 \cdot 4}\right) + 0{,}0000712 \cdot 5\left(\frac{25}{20} + \frac{5}{4 \cdot 4}\right)\Big]$$

Bei Berücksichtigung von

	1	2	3	4	5	6	7	8	9 Gliedern
erhält man:									
$J_{\frac{l}{2}z}$ =	13 120	15 925	16 134	16 296	19 078	19 214	19 445	19 491	19 550 kg,

während infolge der doppelseitigen Symmetrie $J_{\frac{l}{2}z} = \frac{80\,000}{4} = 20\,000$ kg sein sollte. Berücksichtigt man nur vier Glieder so erhält man eine Annäherung auf 18,5% Unterschied.

Gleichzeitig liefert dieses Rechnungsergebnis eine Bestätigung für die Richtigkeit des Rechnungsverfahrens.

Der Stützdruck der Längeneinheit $i_{\frac{l}{2}z}$ muß nach Gleichung 126) für mehrere Werte von x berechnet werden, wenn man die Verteilung des Stützdrucken längs der Plattenseite darstellen will.

$$\frac{16 \cdot \pi_x \, l l_1^2}{\pi^3} = \frac{16 \cdot 20\,000 \cdot 8}{31} = 82\,600.$$

Für $x = o$ ist $\cos \frac{2m'-1}{l_1} \pi x = 1, \quad i_{\frac{l}{2}z} = i_{\frac{l}{2}zo}$;

$$i_{\frac{l}{2}zo} = -82\,600 \Big[-0{,}40 \left(\frac{1}{4} + \frac{1}{4} \cdot \frac{1}{4}\right) - 0{,}00385 \cdot 3 \left(\frac{9}{4} + \frac{1}{4} \cdot \frac{1}{4}\right)$$
$$+ 0{,}00385 \left(\frac{1}{4} + \frac{9}{4 \cdot 4}\right) + 0{,}00055 \cdot 3 \left(\frac{9}{4} + \frac{9}{4 \cdot 4}\right) - 0{,}00084 \cdot 5 \cdot \left(\frac{25}{4} + \frac{1}{4 \cdot 4}\right)$$
$$- 0{,}00084 \left(\frac{1}{4} + \frac{25}{4 \cdot 4}\right) + 0{,}000194 \cdot 5 \left(\frac{25}{4} + \frac{9}{4 \cdot 4}\right) - 0{,}000194 \cdot 3 \cdot \left(\frac{9}{4} + \frac{25}{4 \cdot 4}\right)$$
$$- 0{,}0000717 \cdot 5 \left(\frac{25}{4} + \frac{25}{4 \cdot 4}\right) \Big].$$

Berücksichtigt man

	1	2	3	4	5	6	7	8	9 Glieder,

so erhält man

$i_{\frac{l}{2}zo} =$	10 325	12 495	12 237	11 854	14 044	14 169	13 623	13 806	14 036 kg/m

10	11	12	13	14	15	16 Glieder
14 456	14 436	14 307	14 302	14 366	14 360	14 330 kg/m

Für $x = 0{,}5$ ist $\frac{\pi x}{4} = \frac{\pi}{4}$

und

$\frac{2m'-1}{l_1} \pi x =$	$\frac{\pi}{4}$,	$\frac{3\pi}{4}$,	$\frac{5\pi}{4}$,	$\frac{7\pi}{4}$,	$\frac{9\pi}{4}$,	$\frac{11\pi}{4}$,	$\frac{13\pi}{4}$,	$\frac{15\pi}{4}$,	$\frac{17\pi}{4}$
$\cos \frac{2m'-1}{l_1} \pi x =$	+0,707	−0,707	−0,707	+0,707	+0,707	−0,707	−0,707	+0,707	+0,707

Bei Berücksichtigung von Gliedern erhält man

	1	2	3	4	5	6	7	8	9
$i_{\frac{l}{2}z, 0,5} =$	7310	5777	5959	5688	7236	7147	7533	7662	7824 kg/m

10	11	12	13	14	15	16
7527	7541	7450	7446	7401	7505	7384 kg/m.

Für $x = 0{,}25$ ist $\frac{\pi x}{l_1} = \frac{\pi}{8}$

$\frac{2m'-1}{l_1}\pi x$								
$=\frac{\pi}{8}$	$\frac{3\pi}{8}$	$\frac{5\pi}{8}$	$\frac{7\pi}{8}$	$\frac{9\pi}{8}$	$\frac{11\pi}{8}$	$\frac{13\pi}{8}$	$\frac{15\pi}{8}$	$\frac{17\pi}{8}$

$\cos\frac{2m'-1}{l_1}\pi x$								
$=0{,}92388$	$0{,}382$	$-0{,}383$	$-0{,}924$	$-0{,}924$	$-0{,}383$	$+0{,}383$	$+0{,}924$	$+0{,}924$

$i_{\frac{l}{2}z,\,0{,}25}$								
= 9 540	10 369	10 468	10 821	8 801	8 758	8 549	8 718	8 931

kg/m.

nach 16 Gliedern ergibt sich 9168 kg/m.

Für $x = 0{,}75$ $\quad \frac{\pi x}{l_1} = \frac{3\pi}{8}$, $\quad \cos\frac{3\pi}{8} = 0{,}383$, $\quad \cos\frac{5\pi}{8} = -0{,}924$, und $i_{\frac{l}{2}z,\,0{,}75}$ = 3950 nach einen und 1950 kg/m nach 2 Gliedern, 2047 nach 9, 1933 kg/m nach 16 Gliedern.

In Fig. 19 ist ein kleiner Teil der errechneten Werte $i_{\frac{l}{2}z}$ aufgetragen und mit Kurven verbunden worden.

Man kann annehmen, daß sich die Werte $i_{\frac{l}{2}z}$ allmählich den zwei Geraden der Figur nähern. Dieses Ergebnis ist nicht unerwartet; denn die Reihen der zweiten Ableitungen der elastischen Linie des Trägers nähern sich mit wachsender Gliederzahl der quadratischen Parabel. Da die Stützkraft den dritten Ableitungen proportional ist, kann auch bei der Platte eine sich der Geraden nähernde Stützkraftkurve erwartet werden. Im vorliegenden Fall müßte also $i_{\frac{l}{2}z_0}$ noch auf 20 000 kg wachsen. Wenn es auch bei dem 16. Glied erst 14 330 kg erreicht hat, ist das Anwachsen bis 20 000 kg nicht unwahrscheinlich.

Für die praktische Berechnung der Stützkräfte konvergieren also die gewählten trigonometrischen Reihen zu schlecht.

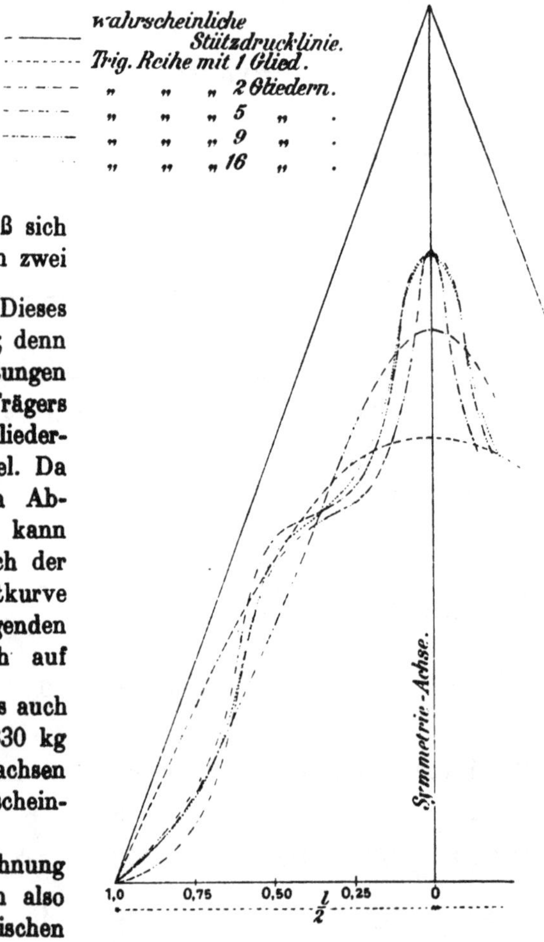

Fig. 19.

13. Die größten Oberflächenspannungen.

Bisher wurden nur die Spannungen parallel zu den Koordinatenachsen σ_x und σ_y betrachtet, wobei die Achsen mit Ausnahme des Belastungsfalls der konzentrierten Last Symmetrieachsen der Platte und der Last waren. Es ist nun die Frage zu beantworten, ob nicht schräge Oberflächenspannungen größere Werte annehmen können als die berechneten σ_{xo} und σ_{yo}.

Es wurde in dem Berechnungsverfahren mittels trigonometrischer Reihen ebenso wie bei der Entwicklung der Differentialgleichung der Platte vorausgesetzt, daß die vertikal gerichteten Normalspannungen (σ_z) Null sind. An der Plattenoberfläche werden aber auch keine Schubspannungen übertragen. Es ist also τ in den Oberflächenelementen $dx \cdot dy$ Null und somit auch die Komponenten τ_{xz} und τ_{yz}.

$$\sigma_z = 0, \quad \tau_{xz} = \tau_{yz} = 0$$

sind aber die Bedingungen des sog. „ebenen Problems“, so daß also für die Berechnung der größten schrägen Spannungen die Sätze des ebenen Problems anzuwenden sind.

Bezeichnet man die schräge Oberflächenspannung in einem Punkte x, y mit σ_s, die zugehörige Schubspannung τ_s und den Winkel zwischen der y-Achse und σ_s mit φ (vgl. Fig. 20), so ist bekanntlich

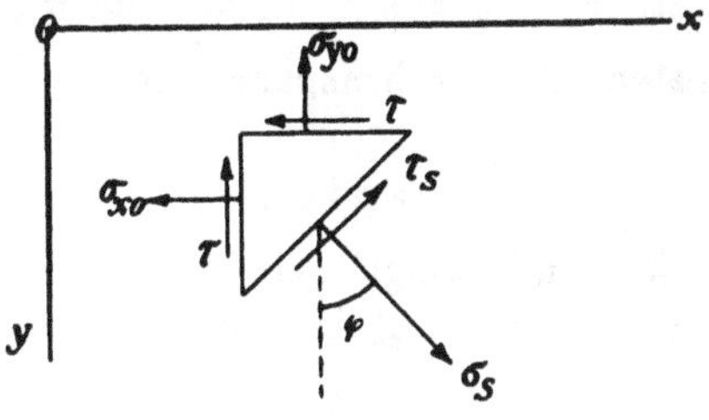

Fig. 20.

$$\tau_{yx} = \tau_{xy} = \tau$$

$$\left.\begin{aligned} \sigma_s &= \frac{\sigma_{xo} + \sigma_{yo}}{2} + \frac{\sigma_{yo} - \sigma_{xo}}{2} \cos 2\varphi + \tau \cdot \sin 2\varphi \\ \tau_s &= \frac{\sigma_{xo} + \sigma_{yo}}{2} \sin 2\varphi + \tau \cos 2\varphi \end{aligned}\right\} \quad \ldots \quad (127)$$

Ferner ist aus dem ebenen Problem bekannt, daß σ_s ein Maximum wird, wenn

$$tg\, 2\varphi = \frac{2\tau}{\sigma_{yo} - \sigma_{xo}} \quad \ldots\ldots\ldots\ldots \quad (128)$$

ist und daß für σ_s Maximum τ_s Null ist. Die größten τ_s ergeben sich in den Richtungen, welche die der $\sigma_{s\,max}$ unter 45° schneiden. Die größten schrägen Oberflächenspannungen $\sigma_{s\,max}$ sind

$$\sigma_{s\,\substack{max \\ min}} = \frac{\sigma_{xo} + \sigma_{yo}}{2} \pm \frac{1}{2}\sqrt{4\tau^2 + (\sigma_{xo} - \sigma_{yo})^2} \quad \ldots\ldots \quad (129)$$

Es könnten somit in jedem Punkte x, y der Plattenoberfläche die $\sigma_{s\,max}$ mit σ_x und σ_y berechnet werden, wenn die zugehörigen Schubspannungen τ bekannt wären.

Nach Seite 2 ist

$$\tau_{xy} = \tau_{yx} = \tau = -2\gamma \cdot \frac{h}{2} \cdot \frac{\partial^2 z}{\partial x \partial y} \quad \ldots\ldots \quad (130)$$

Setzt man diese Gleichung und die Gleichungen 1) in Gleichung 128) ein, so erhält man

$$tg\, 2\varphi = \frac{2\gamma \cdot h \cdot \frac{\partial^2 z}{\partial x \partial y}}{\varepsilon \cdot \frac{m^2}{m^2 - 1} \cdot \frac{h}{2}\left(1 + \frac{1}{m}\right)\left(\frac{\partial^2 z}{\partial x^2} + \frac{\partial^2 z}{\partial y^2}\right)},$$

$$\gamma = \frac{m \cdot \varepsilon}{2(m+1)},$$

$$tg\, 2\varphi = \frac{(m-1) \cdot \frac{\partial^2 z}{\partial x \partial y}}{(m+1)\left(\frac{\partial^2 z}{\partial x^2} + \frac{\partial^2 z}{\partial y^2}\right)} \quad \ldots\ldots\ldots \quad (131)$$

Mit Hilfe der Gleichung 130) kann man für jeden Punkt die Schubspannungen τ berechnen, wenn man für $\frac{\partial^2 z}{\partial x \partial y}$ die entsprechende Ableitung der trigonometrischen Reihe einsetzt. Gleichung 129) ergibt dann die größte schräge Oberflächenspannung $\sigma_{s\,\max}$ und Gleichung 131) ihre Richtung.

Wenn $\frac{\partial^2 z}{\partial x \partial y} = o$ ist, wird $\varphi = o$ d. h. σ_{xo} und σ_{yo} sind in diesem Falle die größten bzw. kleinsten Oberflächenspannungen.

Beispiel.

Die rechteckige, an vier Seiten freigelagerte Platte mit gleichförmig verteilter Belastung hat ihre größten σ_{xo} und σ_{yo} in dem Mittelpunkt der quadratischen Oberfläche (vgl. S. 20).

Bildet man für die dort gewählte trigonometrische Reihe der elastischen Fläche $\frac{\partial^2 z}{\partial x \partial y}$, so erhält man

$$\frac{\partial^2 z}{\partial x \partial y} = \sum_{m'=1}^{m'=\infty} \sum_{n'=1}^{n'=\infty} A_{m'n'} \left(\frac{2n'-1}{l}\pi\right)\left(\frac{2m'-1}{l_1}\pi\right) \sin \frac{2m'-1}{l_1}\pi x \cdot \sin \frac{2n'-1}{l}\pi y.$$

Für alle Punkte der Oberfläche die in den Koordinatenebenen (Symmetrieebenen) (XZ) oder (JZ) liegen, ist entweder $x = o$ oder $y = o$ mithin auch

$$\frac{\partial^2 z}{\partial x \partial y} = o, \; \tau = o \text{ und } \varphi = o$$

Die σ_{xo} und σ_{yo} aller dieser Oberflächenpunkte sind also die $\sigma_{s\,\max}$ und $\sigma_{s\,\min}$ dieser Punkte.

Bei der quadratischen Platte ergibt sich für den Mittelpunkt $\sigma_{xo} = \sigma_{yo}$. Mithin geht, die Spannungsellipse dieses Punktes in einen Kreis über, so daß die Oberflächenspannungen im Mittelpunkte des Quadrates nach allen Richtungen gleich groß sind.

Mit Ausnahme des Falles der Belastung mit einer Einzellast auf einer rechteckigen Platte, welche nicht im Mittelpunkt der Platte angreift, sind die früher entwickelten größten Oberflächenspannungen in der Richtung der x-Achse und der y-Achse auch die $\sigma_{s\,\max}$ und $\sigma_{s\,\min}$ der Plattenoberflächen.

www.ingramcontent.com/pod-product-compliance
Lightning Source LLC
Chambersburg PA
CBHW081432190326
41458CB00020B/6177
* 9 7 8 3 4 8 6 7 3 9 9 4 7 *